中等职业教育中餐烹饪专业教材

中式面点技艺

主　编：任昌娟

副主编：王春亭　王南南　沈　捷

编　委：孙晓莉　樊艳春　吴长华　刘必红

　　　　左武举　张　荣　严利莎

中国轻工业出版社

图书在版编目（CIP）数据

中式面点技艺 / 任昌娟主编. —北京：中国轻工业出版社，
2024.7
中等职业学校中餐烹饪与营养膳食专业教材
ISBN 978-7-5184-3098-7

Ⅰ.① 中… Ⅱ.① 任… Ⅲ.① 面食—制作—中国—职业高
中—教材 Ⅳ.①TS972.132

中国版本图书馆CIP数据核字（2020）第135823号

责任编辑：史祖福 贺晓琴 责任终审：白 洁 设计制作：锋尚设计
策划编辑：史祖福 责任校对：燕 杰 责任监印：张 可

出版发行：中国轻工业出版社（北京鲁谷东街5号，邮编：100040）
印 刷：艺堂印刷（天津）有限公司
经 销：各地新华书店
版 次：2024年7月第1版第3次印刷
开 本：787×1092 1/16 印张：11.5
字 数：257千字
书 号：ISBN 978-7-5184-3098-7 定价：42.00元
邮购电话：010-85119873
发行电话：010-85119832 010-85119912
网 址：http://www.chlip.com.cn
Email：club@chlip.com.cn

　　中式面点是以面粉和米粉等为主料，以糖、油、蛋等为辅料，再配以多种调味品，制作而成的各类面食和点心。随着人们生活水平的提高，对面点的需求已不仅是为了充饥饱腹，而是注重口味，讲究营养与保健。因此，中式面点制作技术人员不仅要掌握制作的基本技术，还要在此基础上开拓思路，研制新的品种。

　　本书结合"中式面点师国家职业标准"要求，以中式面点制作基本功为主要内容编写。全书共分为11章，大致可以分为三个部分。第一章到第四章是中式面点理论阐述的主要部分，分别介绍中式面点师工作认知、中式面点的基础知识、中式面点的面团调制以及馅心制作。第五章到第九章为本书的实例操作部分，主要介绍了水调面团、膨松面团、油酥面团、米粉面团和其他面团类面点的制作。实例操作的内容对应第三章中式面点面团的介绍，层次分明。在具体编写中，基本遵循原料配方介绍、面团调制、生坯成形、生坯成熟的制作逻辑，部分实例因其特殊性稍有不同。第十章和第十一章主要内容为宴席面点配备以及面点创新理论，阐述了宴席面点配备的原则、方式、装饰、配色等，同时将创新的思维引入面点制作领域，希望能给读者带来有益的帮助和启示。

　　本书由任昌娟担任主编，王春亭、王南南、沈捷担任副主编，孙晓莉、樊艳春、吴长华、刘必红、左武举、张荣、严利莎参与了编写工作。本书在编写过程中得到了江苏省滨海中等专业学校和中国轻工业出版社的大力支持，在此一并致以衷心的感谢。

　　本书在编写过程中，借鉴了诸多同行的优秀文献资料，在此一并致以诚挚的感谢。

　　由于编写时间和水平有限，书中难免存在不足之处，恳请读者提出宝贵意见，以便本书的修改和完善。

编者

2020年6月

第 **1** 章

中式面点师工作认知

◎ 学习目标

1. 了解中式面点师的定义。
2. 掌握中式面点的定义。
3. 了解中西式面点的区别。
4. 掌握中式面点师的职业守则。

第一节　中式面点师的岗位须知

一、中式面点师

中式面点师是指运用中国传统和现代的成形技术和成熟方法，对面点的主料和辅料进行加工，制成有中国特色及风味的面食、点心或小吃的人员。

二、中式面点

面点是面食与点心的总称，它包括面食、米食、点心、小吃等。中式面点从广义上讲，泛指用各种粮食（如米类、麦类、杂粮类等）、果蔬、水产等为原料，配以多种馅料制作而成的各种点心和小吃。狭义上讲，特指利用粉料（主要是面粉和米粉）调制面团制成的面食小吃和正餐宴席的各式点心。中式面点从内容上看，既是人们日常生活中不可缺少的主食，也是人们调剂口味的辅食。

刀切馒头

三、中西式面点的区别

中式面点是相对于西式面点而言的，二者在用料、制法、口味等方面有明显区别。

1. 用料上的区别

中式面点一般以面粉为主要原料，而糖、油、蛋等则作为辅料，制品在用料的配制上相对简单，突出主料，辅料较少；西式面点主要以蛋、奶油、糖、面粉等为基本主料，果品、乳品和巧克力等使用较多，不同制品的用料有不同的要求，且辅料丰富。

2. 制作工艺上的区别

一般来说，中式面点的制作有一个较固定的程序，即绝大多数中式面点操作程序为：原料—和面—醒面—调面—搓条—下剂—制皮—上馅—成形—熟制—成品，且讲究造型。成形方法以包、捏、搓、卷等为主，形状以花草虫鱼、飞禽走兽为常见。熟制方法一般以蒸、煮、炸、煎为主。

西式面点制作一般没有固定的顺序，因品种不同，制作工艺各具特点。同时，西式面点重装饰，讲究拼摆和点缀，手法多样。成形方法有挤、夹、切、擀等，熟制方法以烤、煎为常用。

3. 口味上的区别

中式面点讲究调味，口味以香、咸、甜等为主，丰富多样。西式面点突出乳、蛋、糖等的本味，香味浓郁，以甜味为主，口味相对单调。

第二节　中式面点师的职业道德

一、职业道德

1. 职业道德的定义

职业道德是人们在特定的职业活动中所应遵循的行为规范的总和。职业道德是整个社会道德体系中的重要组成部分。在社会主义时期，职业道德是社会主义道德原则在职业生活和职业关系中的具体体现。

随着人类进步和社会发展，社会分工越来越细。职业分工日益繁多，人与人的职业关系也越来越密切。随着社会分工不断细化，社会上划分出众多不同的社会职业，同时，也形成了不同行业的道德规范。不同的职业道德规范，体现了行业特殊的、协调人们利益关系的要求。各行业的职业活动都有自己的客观规律，为维护行业生存与发展的利益，就必须有体现行业内在要求的职业道德规范。如教师的"为人师表"、医生的"救死扶伤"、公务员的"公正廉洁"、商业从业人员的"货真价实，公平交易"等都是行业职业道德的具体要求。职业道德不仅调节本行业与其他社会行业和顾客之间的关系，也调节行业内部人员之间相互的利益关系。在社会主义社会里，每一个行业都是为人民服务的行业，因此，又都要共同遵循为人民服务的宗旨。要体现社会主义道德"五爱"的基本要求，发扬国家利益、人民利益、集体利益和个人利益相结合的社会主义集体主义精神，同时，要具有掌握发展各自行业技术的本领，以及忠于职守、爱岗敬业的献身精神。

2. 加强职业道德建设

在社会主义道德建设中，特别要加强职业道德建设。

第一，职业道德覆盖面广，影响力大，对人的道德素质起决定性作用。

第二，职业道德与社会生活关系最密切，关系到社会稳定和人际关系的和谐，对社会精神文明建设有极大的促进作用。

第三，加强社会主义职业道德建设，可以促进社会主义市场经济正常发展。

第四，良好的职业道德，可以创造良好的经济效益，有力地保障个人的合法利益。

二、中式面点师的职业守则

1. 忠于职守，爱岗敬业

忠于职守就是要求把自己职责范围内的事做好，符合质量标准和规范要求，能够完成应承担的任务。爱岗就是热爱自己的工作岗位，热爱本职工作；敬业就是用一种恭敬严肃的态度对待自己的工作。

任何一种道德都要求从一定的社会责任出发，在履行自己对社会的责任的过程中，培养相应的社会责任感，同时，培养良好的职业习惯和道德良心、情操，通过长期的实践使自己逐步达到高尚的道德境界。因此，职业道德要从忠于职守、爱岗敬业开始，把自己的心血全部用到自己从事的职业中去，把自己的职业当作生命的一部分。"干一行爱一行"，这是职业道德最基本的要求。在社会主义制度下，厨师职业享受着与其他职业平等的待遇，社会地位越来越高，不少有成就的烹饪工作者，获得了"国宝"级专家的荣誉。

忠于职守，爱岗敬业的具体要求就是：树立职业理想，强化职业责任，提高职业技能。

① 职业理想就是人们对未来工作部门和工作种类的向往和对现行职业发展将达到什么水平、程度的憧憬。理想层次越高，越能发挥自己的主观能动性，作为餐饮企业员工，要自觉树立起职业理想，不断激发自己的积极性和创造性，实现自我价值。

② 强化职业责任是指人们在一定职业活动中所承受的特定责任，包括人们应该做的工作和应该承担的义务。职业责任是企业员工安身立命的根本，因此企业及从业者本人都应该强化职业责任，树立职业责任意识。

③ 职业技能也称职业能力，是人们进行职业活动、履行职业责任的能力和手段，包括从业人员的实际操作能力、业务处理能力、技术技能以及与职业相关的理论知识等。努力提高自己的职业技能是爱岗敬业的必然体现，即没有相应的职业技能，就不可能履行自己的职业责任，实现自己的职业理想。

在人民生活水平日益提高的今天，餐饮行业是社会职业中不可缺少的行业，在改善人民生活质量方面发挥着不可替代的作用。餐饮从业人员发扬忠于职守、爱岗敬业的崇高精神，就能为人民增添欢乐，为社会主义增光添彩。

2. 讲究质量，注重信誉

质量即产品标准，讲究质量就是要求企业员工在生产加工企业产品的过程中必须做到一丝不苟、精雕细琢、精益求精，避免一切可以避免的问题。信誉即对产品的信任程度和社会影响程度（声誉）。商品品牌不仅标志着商品质量的高低，也标志着人们对这种商品信任程度的高低，而且蕴含着一种文化品位。注重信誉可以理解为以品牌创声誉，以质量求信誉；竭尽全力打造品牌，赢得信誉。

餐饮从业人员烹制的菜点，其质量的好坏决定着企业的效益和信誉。餐饮业烹制菜点的目的是卖给顾客，因此，菜点就具有商品的特点，与其他商品一样，具有使用价值和价值的两重属性。作为商品的生产企业，生产者和经营者有着自己的独立利益，只有这种利益得到尊重，才能调动商品生产者的积极性。然而要求人们尊重商品生产和经营者的利益，并非是指商品经营者想怎么干就怎么干，而是其必须接受国家宏观调控，要依法经营。越是有独立的利益，就越要正确处理好国家、企业、职工、他人（消费者）的利益关系。这种利益调整是通过买与卖的交易过程实现的。也就是说，具有商品属性的菜点，只有能够卖得出去，才是商品，才能实现价值。因此，货真价实就成为职业道德重要的组成部分。以次充好、粗制滥造、定价不合理等，实际上就是无偿占有别人的劳动成果，是不道德的行为。

一分质量一分价钱，这是自古以来商业工作者的职业道德。然而在这方面有些餐馆做得不是很好。菜点不符合质量要求，问题较多，偷工减料、以次充好时有发生，这是严重的欺骗行为，也是不遵守行业职业道德的表现。

3. 遵纪守法，讲究公德

遵纪守法是指每个从业人员都要遵守纪律和法律，尤其要遵守职业纪律和与职业活动相关的法律法规。公德即公共道德，从广义上讲就是做人的行为准则和规范。遵纪守法包括学法、知法、守法、用法，遵守企业纪律和规范。为了规范竞争行为，加强法制的力度和维护消费者利益，国家出台了一系列法律、法规、政策。

法律、法规、政策是调节人们利益关系的重要手段，有力地促进了市场经济的健康发展。任何社会组织都需要制定有约束力的规章制度，规定所属人员必须共同遵守和执行的内容，这就是纪律。纪律和法律、法规、政策一样，是按照事物发展规律制定出来的一种约束人们行为的规范。能自觉遵守纪律，就能把事情办好，违反纪律就会使工作不能正常运转，因此，必须遵纪守法。凡是违法、违规和不守纪律的行为，都是不道德的行为。凡违法行为，都要依法受到法律规定的处罚。

遵纪守法是对每一个公民的基本要求，能否遵纪守法，是衡量职业道德好坏的重要标志。上述与饮食业有关的法律和规定，都要求每一名员工在岗位工作中身体力行。

4. 尊师爱徒，团结协作

尊师爱徒是指人与人之间的一种平和关系，晚辈、徒弟要谦逊，尊敬长者和师傅；师傅要指导、关爱晚辈、徒弟，即社会主义人与人平等友爱、相互尊敬的社会关系。团结协作也是从业人员之间、企业与企业之间关系的重要道德规范，包括顾全大局、友爱亲善。搞好部门之间、同事之间的团结协作，才能共同发展。

中国烹饪文化源远流长，世代相传，在世界上享有崇高美誉。这是历代烹饪厨师辛勤劳作和创造性劳动的结果。一代一代的厨师，通过师徒传艺的形式，使很多烹饪方法、技艺得以继承和发展。随着时代的进步，传艺的手段有了多样性的变化，但不管形式如何变化，老师傅仍然发挥着至关重要的作用。因此，尊师爱徒是厨师行业的传统职业道德，必须继承和发扬。

团结协作还表现在工作中的相互支持与配合，厨房内部有不同的分工，上一道工序要为下一道工序提供方便。只有相互配合和协作，才能完成任务。如果每一个人只图自己省事，只顾自己方便，就很难合作，质量就无法保证。相互为对方着想，相互配合，还包括互敬互学、共同提高的内容。现代企业中，质量的要求不是一个岗位做好了就能达到规范标准，只有每一个岗位都按标准执行，才能保证质量。

因此，团结协作是一种团队精神，是社会主义集体主义的具体表现，是职业道德的重要内容。

5. 积极进取，开拓创新

积极进取即不懈不怠，追求发展，争取进步。开拓创新是指人们为了发展的需要，运用已知的信息，不断突破常规，发现或创造某种新颖、独特的有社会价值或个人价值的新事物、新思想的活动。

学习文化科学技术，是富国强民的关键，一刻都不能放松。在学习新知识、钻研新技术的过程中，要不惧挫折，勇于拼搏，而开拓创新要有创新意识和科学思维，同时，要有坚定的信心和意志。知识经济时代，学习是永恒的主题，知识是推动行业发展的动力之一。作为烹饪从业人员，要不断地积累知识，更新知识，满足原料、工艺、技术不断更新发展的需要，满足企业竞争、人才竞争的需要。

—— 第 **2** 章 ——

中式面点的基础知识

◎ 学习目标

1. 了解中式面点的概念和特点。
2. 了解中式面点的分类和流派。
3. 掌握中式面点常用的设备和工具。
4. 掌握中式面点常用原料。

第一节　中式面点的概念与特点

一、中式面点的概念

中式面点即中国面点。在中国烹饪体系中，面点是面食与点心的总称，餐饮业中俗称为"面案"或"白案"。

中式面点的概念具有狭义和广义之分。从狭义上讲，中式面点是以面粉、米粉和杂粮粉等为主料，以油、糖和蛋为调辅料，以肉品、水产品、蔬菜、果品等为馅料，经过调制面团、制馅（有的无馅）、成形和熟制等一系列工艺，制成的具有一定色、香、味、形、质等风味特征的各种主食、小吃和点心。从广义上讲，中式面点也可包括用米和杂粮等制成的饭、粥、羹、冻等，习惯统称为米面制品。

二、中式面点的特点

我国面点制作历经几千年，发展成几个大类上千个品种，形成了许多重要的面点流派，具有众多鲜明的特点。

1. 用料广泛

由于我国地域辽阔，地方风味突出，可作面点的原料极为广泛，包括植物性原料（粮食、蔬菜、果品等）、动物性原料（鸡、猪、牛、羊、鱼、虾、蛋、奶等）、矿物性原料（盐、碱等）、人工合成原料（膨松剂、香精、色素等）和微生物酵母菌等。

2. 坯皮多样

在面点制作中，用作坯皮的原料极为广泛，有面粉、米粉、山芋粉、玉米粉、山药粉、百合粉、荸荠粉等。加之辅料变化多，配以各种不同比例，不同的调制方法，形成了疏、松、爽、滑、软、糯、酥、脆等不同质感的坯皮，突出了面点的风味。

3. 馅心繁多

馅心，是面点制作过程中的重要内容之一。我国馅心用料广泛、选料讲究，无论荤馅、素馅，甜馅、咸馅，生馅、熟馅，所用主料、配料、调料都选择最佳的品质，形成清淡鲜嫩、味浓辛辣、滑嫩爽脆、香甜可口、果香浓郁、咸甜皆宜等不同特色。就馅心的

莲蓉馅

烹调方法，就有拌馅、炒、煮、蒸、焖等，而且各地在制作中又形成了各自的特点和风味。

4. 制作精细

面点制作的过程是非常精细的，各种不同品种的制作大抵都要经过投料、配料、调制、搓条、下剂、制皮、上馅（有的需制馅，有的不需）、成形、成熟等过程，其中每一个环节，又有若干种不同的方法。面点的成形手法. 常用的有搓、切、包、卷、擀、捏、叠、摊、抻、削、拨、滚粘、挤注、模具、按、剪、镶嵌、钳花等十几种不同方法。

5. 应时迭出

中式面点制作随着季节的变化和习俗不同而应时更换品种。除正常供应不同层次丰富多彩的早茶点心、午餐点心、夜宵点心、宴席点心外，还有适应不同季节时令的点心，如元宵节的元宵、清明节的青团、端午节的粽子、中秋节的月饼、重阳节的糕等。

第二节　中式面点的分类与流派

一、中式面点的分类

1. 中式面点分类标准

中式面点种类繁多，但面点分类的标准，目前尚难以统一，国内现行的很多面点教材，均出现多种分类方法，但不管采取哪一种分类方法，都应该满足以下条件：第一，能体现分类的目的与要求；第二，能表现出面点品种之间的差异；第三，具有一定的概括性；第四，要有容纳创新面点品种的空间。

2. 中式面点分类方法

中式面点品种丰富、花色多样，分类方法较多，主要分类方法如下。

（1）按面点原料分类　这种分类方法是按中式面点制作的主要原料来分的。一般可分为麦类制品、米类制品、杂粮类制品及其他类制品。

（2）按所用馅料分类　按照这一分类方法，中式面点可以分为有馅制品与无馅制品，其中有馅制品又可分为荤馅、素馅、荤素馅三大类，每一类还可分为生拌馅、熟制馅等。

（3）按制品形态分类　按中式面点制品的基本形态可分为糕类、团类、饼类、饺类、条类、粉类、包类、卷类、饭类、粥类、冻类、羹类等制品。

（4）按制品的熟制方法分类　中式面点可分为煮制品、蒸制品、炸制品、烤制品、煎制品、烙制品以及复合熟制品。

（5）按制品的口味分类　中式面点制品的口味可分为本味、甜味、咸味、复合味等。

二、中式面点的流派

（一）北方风味

1. 首善之地的北京面点

北京为元、明、清三代都城，一直是全国的政治、经济、文化中心。文人荟萃，商业繁荣，饮食文化尤为发达。宫廷饮食和官场需要刺激了烹饪技艺的提高和发展，面点也不例外。曾出现了以面点为主的宴席，传说清嘉庆的"光禄寺"（皇室操办筵宴的部门）做的一桌面点宴席，用面量多达60kg，可见其品种繁多。此外，北京民间有食用面点的习俗，山

豌豆黄

东、河南、河北、江苏、浙江面点的引进，汉族与蒙古族、回族、满族等少数民族面点的交流，宫廷面点的外传，都促进了北京面点的形成与发展。

京式面点的典型品种有抻面、都一处烧卖、清宫仿膳的肉末烧饼、千层糕、豌豆黄、驴打滚、艾窝窝等，都各具特色。

2. 豪放精致的山东面点

山东面点在《齐民要术》中多有记载。经过1000多年的发展，清代的山东面点已经成为中国面点的一个重要流派。

山东面点原料以小麦面为主，兼及米粉、山药粉、山芋粉、小米粉、豆粉等，加上荤素配料、调料，品种有数百种之多。而且制作颇为精致，形、色、味俱佳。例如煎饼，可以摊得薄如蝉翼；抻面抻得细如线；馒头白又松软等。特色面点有很多，如潍县的"月饼"（一种蒸饼）、临清的烧卖、福山的抻面、蓬莱的小面、周村的烧饼、济南的油旋等。

周村烧饼

3. 秦腔古韵的陕西面点

陕西是中华文明的发祥地之一。陕西面点是在周代、秦代面食制作的基础之上，继承汉、唐制作技艺传统而发展起来的。盛唐时期京师长安的面点制作已经基本形成了自己的体系，属于"北食"。其后由于朝代的更替，都城的变迁，陕西面食的影响力有所下降，但一

直是西北地区的重要流派。

陕西面点是由古代宫廷、富商官邸、民间面食等汇聚而成，用料极其丰富，以小麦面为主，兼及荞麦面、小米面、糯米面、糯米、豆类、枣、栗、柿、蔬菜、禽类、畜类、蛋类、奶类等，加上调料，品种上百。陕西的"天然饼""如碗大，不拘方圆，厚二分许，用洁净小鹅子石衬而馍置，随其自为凹凸"，具有古代"石烹"的遗风。其他如秦川的草帽花纹麻食、

岐山臊子面

乾州的锅盔、三原的泡泡油糕、岐山的臊子面、汉中的梆梆面、西安的牛羊肉泡馍等。

4. 三晋之地的山西面点

山西古代为三晋之地，是中华文明的发祥地之一。据考证，山西境内曾出土过春秋时期的磨和罗，是为当时流行面食的佐证。即便是现在，面食也是三晋百姓离不开的主食，已经成为三晋文化的组成部分之一。

山西面食流行的形成与山西地方特色原料密不可分。如汾河河谷的小麦、忻州出产的高粱、雁北出产的莜麦、晋中晋北出产的荞麦、沁州出产的小米、吕梁地区出产的红小豆等，都是面点的主要食材。调配料方面也有山西老陈醋、五台山的蘑菇、大同的黄花、代县的辣椒、应县的紫皮蒜、晋城的大葱等。

山西面点用面广泛，制作不同的面食，使用不同的面。有白面（面粉）、红面（高粱面）、豆面、荞面、莜面和玉米面等，制作时或单一制作或三两混作，风味各异。具体品种有刀削面、刀拨面、掐疙瘩、饸饹（河漏）、剔尖、拉面、擦面、抿蝌蚪、猫耳朵等；吃法也是种种不同，煮、蒸、炸、煎、焖、烩、煨等都擅长，或浇卤，或凉拌，或蘸佐料，花样百出。

山西刀削面

（二）南方风味

1. 淮左名都的扬州面点

扬州是历史文化名城，古今繁华之地。"春风十里扬州路""十里长街市井连""夜市千灯照碧云""腰缠十万贯，骑鹤下扬州"，正是昔日扬州繁华的写照。悠久的文化、发达的经济、富饶的物产，为扬州面点的发展提供了有利条件。

扬州面点自古也是名品迭出，据《随园食单》记载，扬州所属仪征有一个面点师叫肖美人，"善制点心，凡馒头、糕、饺之类，小巧可爱，洁白如雪"，其时是"价比黄金"。又如定慧庵师姑制作的素面，运司名厨制的糕，也是远近闻名。经过创新，不断发展，又涌现出

翡翠烧卖、三丁包子、千层油糕等一大批名点，形成了扬州面点这一重要的面点流派。

三丁包子

扬州面点品种相当丰富，《随园食单》《扬州画舫录》《邗江三百吟》等著作中都有记载，后人总结有《淮扬风味面点500种》等。

扬州面点制作的精致之处也表现为面条重视制汤、制浇头，馒头注重发酵，烧饼讲究用酥，包子重视馅心，糕点追求松软等，其中"灌汤包子"的发明是扬州面点师的重要贡献。

2. 江南名城的苏州面点

青团

苏州为江南历史名城，傍太湖、近长江、临东海、气候温和、物产丰富，饮食文化自古发达。苏州面点继承和发扬了本地传统特色。据史料记载，在唐代苏州点心已经出名，白居易、皮日休等人的诗中就屡屡提到苏州的粽子等，《食宪鸿秘》《随园食单》中，也记有虎丘蓑衣饼、软香糕、三层玉带糕、青糕、青团等。

在苏州面点中，有一特殊的面点品种——"船点"，相传发源于苏州、无锡水乡的游船画舫上。其品种可分为米粉点心和面粉点心，均制作精巧，粉点常捏制成花卉、飞禽、走兽、水果、蔬菜等，形态逼真。面点多制成小烧卖、小春卷及一些小酥点，大多小巧玲珑。"船点"可在泛舟游玩时佐茶之用，也可以作为宴席点心准备。

苏州面点比较注重季节性，如《吴中食谱》记载"苏城点心，随时令不同。汤包与京醅为冬令食品，春日烫面饺，夏日为烧卖，秋日有蟹粉馒头"等。

苏州面点又以糕团、饼类、面条食品出名。苏州的糕用料以糯米粉、粳米粉为主，兼用莲子粉、芡实粉、绿豆粉、豇豆粉等，各种粉或单独使用，或按照一定的比例混合使用，苏州糕重色、重味、重形。苏州的团子和汤圆制作精美，例如"青团"色如碧玉，清新雅丽。苏州的饼品种也多，其中最出名的为"蓑衣饼"。此外，苏州的面条制作也精细，善于制汤、卤及浇头，枫镇大面、奥灶面等都是名品。

3. 三吴都会的杭州面点

杭州是"东南形胜，三吴都会"，南宋时面点品种数以百计，影响很大。由于杭州风景秀丽，商业繁荣，饮食文化发达，面点一直保持着较高的水平。

杭州的面点在用料、成形方法、成熟方法、风味上均有特色。用料上以面粉、糯米粉、粳米粉和糯米为主。糯米粉常用水磨粉,糯米常用乌米。成形方法常用擀、切、捏、裹、卷、叠、摊等方法,尤其擅长模具成形,如"金团",就是先以米粉团包馅,然后放在桃、杏、元宝等模具中压制成形。成熟方法包括蒸、煮、烩、烤、烙、煎、炸等。风味上有咸有甜,追求清新之味。袁枚的《随园食单》和钱塘人施鸿宝写的《乡味杂咏》中都有数十种杭州面点介绍。

另外,杭州面点季节性强。春天有春卷,清明有艾饺,夏天有西湖藕粥、冰糖莲子羹、八宝绿豆汤,秋天有蟹肉包子、桂花藕粉、重阳糕,冬天有酥羊面等。

4. 岭南风味的广东面点

广东地处我国东南沿海,气候温和、雨量充沛、物产富饶。广州长期以来作为珠江流域及南部沿海地区的政治、经济、文化中心,饮食文化也相当发达,面点制作历经唐、宋、元、明至清,发展迅速、影响渐大,特别是近百年来又吸取了部分西点制作技术,客观上又促进了广式面点的发展,最终广东面点脱颖而出,成为重要的面点流派。

(1)广东面点品种多　按大类可以分为长期点心、星期点心、节日点心、旅行点心、早晨点心、中西点心、招牌点心、四季点心、席上点心等,各大类中又可按常用的点心、面团类型,分别制出五光十色、绚丽缤纷、款式繁多、不可胜数的美点。其中,尤其擅长米及米粉制品,品种除糕、粽外,有煎堆、米花、白饼、粉果、炒米粉等外地罕见品种。

(2)广式面点馅心多样　《广东新语》中说,"天下所有之食货,粤东几尽有之;粤东所有之食货,天下未必尽有之"。馅心料包括肉类、水产、杂粮、蔬菜、水果、干果以及果实、果仁等,制馅方法也别具一格。

(3)广东面点制法特别　广东面点中使用皮料的范围广泛,有几十种之多,一般皮质较软、爽、薄,还有一些面点的外皮制作比较特殊。如粉果的外皮,"以白米浸至半月,入白粳饭其中,乃舂为粉,以猪脂润之,鲜明而薄。"馄饨的制皮也非常讲究,有以全蛋液和面制成的,极富弹性。此外,广式面点喜用某些植物的叶子包裹原料制成面点,如"东莞以香粳杂鱼肉诸味,包荷叶蒸之,表里香透,名曰荷包饭。"

(4)此外,广东面点季节分明　广式面点常依四季更替而变化,浓淡相宜,花色突出。春季常有礼云子粉果、银芽煎薄饼、玫瑰云霄果等,夏季有生磨马蹄糕、陈皮鸭水饺、西瓜汁凉糕等,秋季有蟹黄灌汤饺、荔浦秋芽角等,冬季有腊肠糯米鸡、八宝甜糯饭等。

广式面点代表性的品种有虾饺、叉烧包、马拉糕、娥姐粉果、莲蓉甘露酥、荷叶饭等。

虾饺

5. 天府之国的四川面点

四川地处我国西南，周围重峦叠嶂，境内河流纵横，气候温和湿润，物产丰富，素有"天府之国"的美称。四川面点源自民间。巴蜀民众和西南各民族百姓自古喜食各类面点小吃。据《华阳国志》记载，巴地"土植五谷，牲具六畜"，并出产鱼盐和茶蜜；蜀地则"山林泽鱼，园圃瓜果，四代节熟，靡不有焉"。当时调味品已有卤水、岩盐、川椒、"阳补之姜"。品种丰富的粮食和调辅料为四川面点的发展提供了物质基础。唐宋时期，四川面点发展迅速，并逐渐形成了自己的风格，出现了许多面点品种，如"蜜饼""胡麻饼""红菱饼"等，"胡麻饼样学京都，面脆油香新出炉。"经过元明清几百年的发展，四川面点发展逐步完善，自成一派。

四川面点用料广泛，制法多样，既擅长面食，又喜吃米食，仅面条、面皮、面片等就有近几十种；口感上注重咸、甜、麻、辣、酸等味。地方风味品种多，代表性的品种有赖汤圆、担担面、龙抄手、钟水饺、珍珠丸子、鲜花饼、小汤圆、提丝发糕、五香糕、燃面等。

除此之外，还有许多少数民族如朝鲜族、藏族等的有民族特色的风味点心。虽未形成大的地域体系，但也早已成为我国面点的重要组成部分，融合在各主要面点流派中，展示其独特的魅力。

燃面

第三节 中式面点常用设备和工具

一、中式面点常用设备

1. 加热设备

加热设备主要有蒸汽加热设备，如蒸箱、蒸汽压力锅、燃烧蒸煮灶等，和电加热设备，如烤箱、微波炉、电磁炉等。

2. 机械设备

中式面点制作机械设备主要用于面点原料的制粉、磨浆、搅拌、压面、制馅及成形等，可大大降低劳动强度，提高劳动效率。以磨粉机、磨浆机、和面

蒸箱

压面机

不锈钢案台

机、压面机、打蛋机和绞肉机等最为普遍。

3. 普通设备

案台又称案板，是面点制作的必要设备。由于制作案台材料不同，目前常见的有不锈钢案台、木质案台、大理石案台和塑料案台四种。

4. 冷藏设备

冷藏设备主要有小型冷藏库、冷藏箱和电冰箱。按冷却方式分为直冷式与风扇式两种，冷藏温度在-18℃～10℃，并具有自动恒温控制、自动除霜功能，使用方便。

二、中式面点常用工具

1. 制皮工具——面杖

面杖是制作皮坯时不可缺少的工具，质量要求结实耐用、表面光滑。以檀木或枣木制成的质量较好。

（1）擀面杖　擀面杖形状为细长圆形，根据尺寸可分为大、中、小三种，大的长80～100cm，适合擀制面条、馄饨皮等；中的长50cm左右，适合擀制大饼、花卷等；小的长33cm，适合擀制饺子皮、包子皮、小包酥等。使用方法：双手持面杖，均匀用力，根据制品要求将皮擀成规定形状。

擀面杖

（2）单手杖　又称小面杖，两头粗细一致，用于擀制饺子皮、小包酥等。使用时双手用力要匀，动作协调。使用方法：事先把面剂子按成扁圆形，左手的大拇指、食指、中指捏住左边皮边，放在案板上，右手持擀面杖，压住右边皮的1/3处，推压面杖，不断前后转动，转动时要用力均匀，将面剂擀成中间稍厚、边缘薄的圆形皮子。

（3）双手杖　双手杖较单手杖细，擀皮时两根合用，双手同时使用，要求动作协调。主要用于擀制水饺皮、蒸饺皮等。使用方法：将剂子按成扁圆形，将双手杖放在上面，两根面杖要平行靠拢，勿使分开，擀出去时应右手稍用力，往回擀时应左手稍用力，双手用力要均匀，这样皮子就会擀转成圆形。

（4）橄榄杖　它的形状是中间粗、两头细，形似橄榄，长度比双手杖短，主要用于擀制烧卖皮。使用方法：将剂子按成扁圆形，将橄榄杖放在上面，左手按住橄榄杖的左端，右手按住橄榄杖的右端，双手配合擀制。擀时，着力点要放在边上，右手用力推动，边擀边转（向同一方向转动），使皮子随之转动，并形成波浪纹的荷叶边形。

橄榄杖

通心槌

（5）通心槌　又称走槌，形似滚筒，中间空，供插入轴心，使用时来回滚动。由于通心槌自身重量较大，擀皮时可以省力，是擀大块面团的必备工具，如用于大块油酥面团的起酥、卷形面点的制皮等。另外，还有一种较小的通心槌可用于擀制烧卖皮。

（6）花棍　外形两头为手柄，中间有螺旋式的花纹，是擀制面点平面花纹的主要工具。

面杖使用后应擦净，不应有面污黏连在表面；放在固定处，并保持环境的干燥，避免面杖变形，表面发霉。

2. 案上清洁工具

案上清洁工具主要有面刮板、粉帚等。

（1）面刮板　又称刮刀，由不锈钢片或塑料制成。薄片上有握手，主要用于刮粉、和面、分割面团等。

（2）粉帚　由高粱苗或鬃毛等原料制成，主要用于案台上粉料的清扫。

面刮板用后要刷新干净，放在干燥处；粉帚、小簸箕用后要将面粉抖净，存放于固定处。

3. 成形工具

成形工具主要有模子、印子、戳子、花镊子、小剪刀及其他工具。

（1）模子　又称盏模，由不锈钢、铝合金、铜皮制成，形状有圆形、椭圆形等，主要用于蛋糕、布丁、挞、派、面包的成形。

（2）印子　以木质为主，刻成各种形状，有单凹和多凹等多种规格，底部面上刻有各种花纹图案及文字。坯料通过印模形成图案、规格一致的精美面点，如月饼、绿豆糕、晶饼、糕团等。

所有成形工具使用后应用干布擦拭干净，用专用工具箱保存在固定处。

印模

4. 炉灶工具

（1）铁勺　用于搅拌、加料等，常用铁或不锈钢制成。

（2）笊篱　又称漏勺，常以铁丝、铁皮、铝制或不锈钢制成，中间布有均匀的孔洞，有长柄，用于水中或油中捞取食品、滤干油水等。

（3）筷子　有铁制和竹制两种，长短按需而异。用于油炸食品时，翻动半成品和钳取成品。

（4）铲子　以金属板制成，有柄，用于煎烙、烘烤制品时的铲取和翻动。

笊篱

5. 制馅和调料工具

（1）刀　有方刀、大片刀两种，铁制或不锈钢制。方刀主要用于切面条；大片刀主要用于切肉、菜、剁馅等。

（2）蛋甩帚　俗称蛋抽，又称打蛋器，有竹制和钢丝制两种，有把。主要用于搅打蛋糊或制作搅奶油，也可用于调馅等。

6. 着色和抹油工具

（1）色刷　一般选用新的、细毛的牙刷，用于喷洒色素溶液。

（2）毛刷、排笔　用于生坯表面扫蛋液或成品表面扫油等。

7. 粉筛

粉筛又称罗斗，由钢丝、铜丝、铁丝制成，根据用途不同，晒眼的大小有多种规格，较常见的规格在10～200目，目数越多表示筛眼越细。主要用于筛面

粉筛

粉，过滤果蔬汁、蛋液及擦果蔬泥等。

8. 衡器

（1）台秤　主要用于称量原料的重量，以使重量或投料比例准确。

（2）天平、小勾秤　主要用于各种添加剂的称量，要求刻度准确。

（3）量杯、量匙　用来舀取物料并计量。

台秤等用后应将秤盘、秤体仔细擦拭干净，放固定、平稳处；经常校对，保证其准确性。

第四节　中式面点常用原料

一、皮坯原料

麦类是制作面点的主要皮坯原料之一，需制粉后使用。面粉即是由小麦加工磨制而成的粉料。面粉的质量与小麦品种有关。从事面点制作的面点师，必须掌握面粉的理化性质及其与制品品质的关系，才能保持面点制品的质量稳定。

（一）小麦的种类及结构

1. 小麦的种类

小麦按粉色可分为白麦和红麦两种，白麦粉色好，但胀力不及红麦。按粒质特性可分为硬质麦和软质麦，硬质麦的胀力适宜制作发酵食品，如馒头、包子、面包；软质麦胀力小，较宜制作松脆食品，如饼干类制品。按播种季节又可分为春小麦和冬小麦等。

2. 小麦的结构

小麦的结构由麸皮（果皮、种皮）、糊粉层、胚乳和胚等几部分组成。

（二）面粉的化学组成

面粉的化学组成由于小麦的品种、产区等的不同变化很大。我国面粉的化学成分主要包括：水分、碳水化合物、蛋白质、脂肪、灰分、维生素、酶等。不同等级的面粉，其各种成分的含量及其组成也不完全相同，一般面粉的化学成分含量如表2-1所示。

表 2-1　　　　　　　　　　　　　面粉的化学成分

成分	品种	
	标准粉	特制粉
水分 /%	12 ~ 14	13 ~ 14
蛋白质 /%	9.9 ~ 12.2	7.2 ~ 10.5
脂肪 /%	1.5 ~ 1.8	0.9 ~ 1.3
碳水化合物 /%	73 ~ 76.5	75 ~ 78.2
粗纤维 /%	0.79	0.06
灰分 /%	0.8 ~ 1.4	0.5 ~ 0.9
钙 /(mg/100g)	31 ~ 38	19 ~ 24
磷 /(mg/100g)	184 ~ 268	86 ~ 101
铁 /(mg/100g)	4.0 ~ 4.6	2.7 ~ 3.7
维生素 B_1/(mg/100g)	0.26 ~ 0.46	0.06 ~ 0.13
维生素 B_2/(mg/100g)	0.06 ~ 0.11	0.03 ~ 0.07
烟酸 /(mg/100g)	2.0 ~ 2.2	1.1 ~ 1.5

1. 水分

面粉中的水分呈游离水和结合水两种状态存在。

（1）游离水（自由水）　面粉中水分绝大部分是游离水，受储存环境、温度、湿度的影响而变化，面粉水分变化主要是该水的变动。

（2）结合水（束缚水）　是指在面粉中通过氢键结合在蛋白质和淀粉中的水，蛋白质和淀粉具有亲水性的基团，这种结合水在面粉中相对稳定，不具水的一般性质。

面粉中水分的存在形式并不是一成不变的：当面粉加水搅拌，其面筋蛋白质和淀粉不同程度吸水，一部分游离水便进入稳定的胶体分子体系中变成结合水，这两种形式的水在面团中的比例变化，决定了面团的物理性质和制品的成形状况。另外，若面粉含水量过高，则不利于贮存，易产生霉变、结块。

2. 碳水化合物

碳水化合物是面粉中含量最高的化学成分，约占面粉总重量的75%以上。其中主要包括淀粉、可溶性糖和纤维素等。

（1）淀粉　淀粉是面粉中最主要的碳水化合物，约占面粉总重量的67%，是由众多的葡萄糖分子脱水缩合（聚合）而成的高分子物质。根据葡萄糖分子之间的连接方式分为直链淀粉和支链淀粉，面粉中的直链淀粉（糖淀粉）占24%，支链淀粉（胶淀粉）占76%，水温在60 ~ 80℃时，直链淀粉从淀粉颗粒中向水里扩散，形成黏度不大的胶体溶液，冷却后易形成凝胶体，因此，直链淀粉在点心制作中有利于增强面团的可塑性；支链淀粉的分子较直链淀粉大，其随水温的升高，经搅拌形成稳定黏稠的胶体溶液（胶化作用），冷却后不易形成凝胶体，因此，支链淀粉的黏性大，在点心制作中可改良面团性质、增强面团的筋性。

淀粉在酸或酶的作用下，加热会水解生成糊精、麦芽糖、葡萄糖等还原性物质，这一性质对食品的发酵、熟制和营养等方面有重要意义。

（2）可溶性糖　面粉中含有1%～1.5%的可溶性糖，所含的可溶性糖包括蔗糖、麦芽糖、葡萄糖和果糖等，其中蔗糖含量最多。面粉中含有一定量的可溶性糖，可供发酵面坯中酵母直接利用，是酵母生长发育的营养源之一，能促进发酵面坯的发酵速度。

（3）纤维素　纤维素主要存在于小麦的种皮、果皮和糊粉层中，是构成麸皮的主要成分。纤维素占麦粒总量的2.3%～2.7%，特制粉中麸皮含量少，低级面粉中麸皮含量多。面粉中纤维素的多少，直接影响着制品的色泽和口味：纤维素少，则粉色白，口味好；纤维素多，则粉色黄，口味差。纤维素能促进胃肠蠕动，有利于促进其他成分的消化和吸收。

3. 蛋白质

面粉中蛋白质的含量随小麦的品种和地区的不同而有所不同：硬质小麦蛋白质的含量高于软质小麦；春小麦蛋白质含量高于冬小麦；北方地区小麦蛋白质的含量高于南方地区小麦。

面粉中的蛋白质种类很多，是由麦胶蛋白（麦醇蛋白）、麦谷蛋白（麦麸蛋白）、麦清蛋白、麦球蛋白构成。麦胶蛋白和麦谷蛋白主要存在于小麦的胚乳中，占面粉中蛋白质总量的80%，它们不溶于水，属不溶性蛋白；麦清蛋白和麦球蛋白主要存在于小麦的皮层、糊粉层和胚中，可溶于水，属可溶性蛋白。麦胶（麦醇）蛋白和麦谷蛋白极易吸水，遇水胀润成一种灰白色、柔软的软胶状物质——面筋，它们也称为面筋蛋白质；而麦清蛋白和麦球蛋白称为非面筋蛋白质。

（1）面筋蛋白质（又称面根、百搭菜）　面团在水中搓洗，使淀粉、可溶性蛋白质、灰分等成分渐渐离开面团而悬浮于水中，最后剩下的具有黏性、弹性和延伸性的软胶状物质就是面筋。面筋蛋白质不溶解于水，遇水会膨胀形成面筋，它是一种高度水化的蛋白质的形成物（面筋蛋白质在常温下吸收150%的水分而膨胀），此面筋又称为湿面筋，湿面筋中含水量为65%～70%，湿面筋的实质就是面粉中的蛋白质高度水化的产物。湿面筋脱水（烘干去掉一部分水）即为干面筋。

面筋在面团中的作用主要是在面团发酵时能抵抗二氧化碳气体的膨胀，而不使气体外逸，从而形成疏松海绵状（网状）结构，使成品质地绵软，有一定弹性、韧性（面筋拉长时所表现的抵抗性），保证成品切片不碎。所以面筋的质量优劣，一般也作为判断面粉质量高低的标准。

（2）面筋蛋白质的特性　在一定条件下，面筋具有以下两个重要特性。

① 亲水性（吸水性）：即水化作用。蛋白质分子表面有许多亲水基团，这些亲水基团和

水有高度的亲和性，据测定每1g蛋白质能结合0.3～0.5g水，因此水溶液中的蛋白质分子都是高度水化的分子。直接吸附在蛋白质分子表面的水分子同蛋白质结合得最牢固，常称作束缚水或结合水，它们与自由的水分子相比在性质上有很大的差异。距离较远的水分子同蛋白质分子结合得比较松散，距离更远的水分子则是完全自由的。

面筋蛋白质是不溶性蛋白质，但却具有很高的吸水性：一份干面筋可吸收自重大约2倍的水。吸水以后的面筋，富有弹性、韧性和延伸性。

② 热变性：在面点制作中，引起面筋蛋白质变性的主要因素是加热。蛋白质热变性对面点制作工艺有重要意义：面筋蛋白质变性后，失去吸水能力、膨胀力减退、黏滞性增大、溶解度降低、面团弹性和延伸性消失，面团工艺性能发生改变。

面筋蛋白质受热发生变化的性质随温度升高而变化：30℃时，面筋蛋白质吸水率为干蛋白质的180%～210%，且筋力大；70℃以上时，筋力逐渐降低，以致面筋蛋白质变性而完全没有筋力。如热水面坯利用水温使面粉中蛋白质变性，从而减少面筋的形成；甜馅制作中利用烤或蒸的办法使面粉中蛋白质变性，从而增加面粉的黏度，所以熟面不能提取面筋。

（3）影响面筋形成的因素　在调制面团的过程中，影响面筋形成的主要因素包括：面团温度、放置时间、面粉的质量等。

① 面团温度：在实际生产中，面团的温度主要通过水温来控制。面团的温度对面筋蛋白质吸水形成面筋有很大影响，低温状态下蛋白质吸水胀润迟缓，面筋生成率低，面筋蛋白质在30℃时吸水胀润值最大，其中以麦谷蛋白的吸水能力最强并首先开始吸收水分，其次是麦胶蛋白。温度偏高或偏低都会使面筋蛋白质的吸水胀润值下降，从而使吸水胀润过程迟缓，相应的面筋出率也低。

② 放置时间：面筋蛋白质吸水形成面筋需要一段时间，因此将调制好的面团静置一段时间有利于面筋的形成，从而让面筋蛋白质有充分吸水的机会。

③ 面粉的质量：面粉的质量对面筋的形成也有很大的影响：不正常的面粉（如受冻害小麦、虫蚀小麦、发芽小麦磨制的面粉）中，各种酶的活性很高，使面团黏性增大，面筋生成量减少，吸水率减弱，对制作工艺造成很大影响。

（4）衡量面筋工艺性能的指标　面粉筋力的表述方法很多，至今也没有准确的定义，从面点制作的角度，可以把其认定为是面粉吸水产生面筋的能力。

面粉筋力的好坏，不仅与面筋的含量有关，也与面筋的质量或工艺性能有关。衡量面筋工艺性能的指标主要有：弹性、韧性、延伸性、比延伸性、可塑性，而筋力则是这几个指标的综合。

① 弹性：指湿面筋被压缩或拉伸后恢复原来状态的能力。

② 韧性：指湿面筋对拉伸时所表现的抵抗力。一般来说，弹性强的面筋，韧性也强。

③ 延伸性：指湿面筋被拉长而不断裂的能力。测定面筋延伸性的科学方法是采用"拉伸仪"。延伸性好的面筋，面粉筋力一般也好。通常根据面筋块延伸的极限长度将面筋分成三等：延伸性差的面筋，延伸长度小于8cm；延伸性中等的面筋，延伸长度为8～15cm；延

伸性好的面筋，延伸长度大于15cm。

④ 比延伸性：是用面筋每分钟能自动延伸的厘米数来表示。筋力强的面粉一般每分钟仅自动延伸几厘米，而筋力弱的面粉每分钟自动延伸至几十甚至上百厘米。

⑤ 可塑性：指湿面筋被压缩或拉伸后，不能恢复原来状态的能力。

按照面筋的工艺性能指标，可将面筋分为三类：

• 优良面筋：弹性好、延伸性大或适中；

• 中等面筋：弹性好、延伸性小或弹性中等、比延伸性小；

• 劣质面筋：弹性小、韧性差或完全没有弹性的流散面筋。

不同的面点制品对面筋的工艺性能的要求不同，例如：制作发酵制品时（面包），要求弹性和延伸性都好的面粉；而制作蛋糕、酥点类制品则要求弹性、韧性都不高，但可塑性良好的面粉。如果面筋的工艺性能不符合制品的要求，就要采取一些工艺措施（如缩短醒发时间）或添加面粉改良剂以改善面粉的筋力，使其符合制品的要求。

4. 油脂（脂肪）

面粉中的脂肪含量为1.3% ~ 1.5%，主要分布在麦粒的胚中，故一般出粉率高，其脂肪含量也高。若贮存不当，面粉中的油脂易被氧化而酸败，产生哈喇味。

5. 灰分

面粉中的灰分含量为0.5% ~ 1.4%，面粉中的灰分成分主要是矿物质（如磷、钾、镁、钙、铁、硫、钠的氧化物）。小麦籽粒的灰分含量为1.5% ~ 2.2%，约有61%的灰分集中在糊粉层中，其他分布在皮层和胚中。

灰分的含量同出粉率成正比，因此测量面粉中灰分的含量具有很重要的意义，我国国家标准把测灰分含量作为检验面粉质量的标准之一。

6. 维生素

面粉中维生素的种类较为丰富，含有脂溶性维生素A和维生素E，以及水溶性的B族维生素（B族维生素主要有维生素B_1、维生素B_2、维生素B_5）。因为各种维生素主要分布在胚和糊粉层中，维生素E大量存在于胚中，所以面粉中的维生素含量同面粉的等级有关。总体来说，出粉率较高的面粉中的维生素含量要高于出粉率低的面粉。

面粉中的维生素除在加工过程中大量损失外，在熟制过程中也受到部分破坏。为了弥补不足，往往采用直接添加维生素的方式强化面粉和食品。

7. 酶

面粉中所含的酶，主要存在于小麦的胚中，主要有淀粉酶、蛋白酶、脂肪酶等，这三种酶对于面粉的贮存和面点制品的发酵、烘焙都有很大的影响。

（三）面粉的等级与特点

面粉按加工精度、色泽、含麸量的高低划分，可分为普通粉、标准粉和特制粉；按用途可分为一般粉和专用粉；按含面筋量的多少，可分为高筋粉、中筋粉和低筋粉。

1. 面粉的种类说明

（1）高筋粉　又称强筋粉或面包粉。蛋白质含量≥12.2%，湿面筋含量≥30%。适于制作冰花鸡蛋馓、油条等。

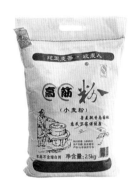

高筋粉

（2）中筋粉　中筋粉的蛋白质含量为10%~12.2%，湿面筋含量为25%~30%。我国的标准粉通常是指中筋。适于制作肉馅饼、馒头、包子、花卷及特殊的面包等。

（3）低筋粉　又称弱筋粉、薄力粉、蛋糕粉、糕点粉。蛋白质含量≤10%，湿面筋含量为≤24%。适于制作蛋糕、甜酥点心、饼干等。在高筋粉中加入25%的玉米淀粉可降低面粉的筋度（似低筋粉）。

（4）专用粉　专用粉的种类包括自发粉、蛋糕粉、糕点粉、饺子粉、面条粉、面包粉和全麦粉。

① 自发粉是在特制粉中按一定比例的泡打粉和干酵母制成的面粉。自发粉粉质细滑，洁白有光泽，松软手感好。制作简便，不需传统的老面发酵过程。可做馒头、包子、花卷、发面饼等，也可将面粉调成糊状炸制鸡腿、虾仁等食品。

② 蛋糕粉是低筋粉经过氯气处理，使原来低筋粉之酸性降低，利于蛋糕之组织和结构。面粉里面已经加好了膨松剂、香料、糖、盐等。用时只要加鸡蛋、水、油搅拌均匀就可以成为蛋糕的浆料，装盘烘烤就成了蛋糕。

③ 全麦粉是一种用整粒小麦，不需去除麸皮和胚芽而研磨制成的面粉。全麦粉含有多

低筋粉

自发粉

蛋糕粉

全麦粉

种B族维生素和麦麸，对人体新陈代谢非常重要，能促进皮肤黏膜更新，可降低胆固醇。但由于胚芽含油丰富，全麦粉容易因酸败而导致耐储存性降低。

2. 面粉工艺性质

面粉中约含有70%淀粉。直链淀粉形成的胶体溶液黏性不大，易老化；支链淀粉形成的溶液黏性很大，不易老化。蛋白质（9%～13%）面粉中还含有淀粉酶和蛋白酶等多种酶。

3. 面粉质量鉴定方法

（1）鉴定含水量　面粉的含水量一般在13.5%～14.5%。面粉的含水量对面粉储存与调制面粉时的加水量有密切关系。当用手抓面粉时，面粉从手缝中流出，松手后不成团。若水分过大，面粉则易结块或变质。含水量正常的面粉，用手捏有滑爽感，轻拍面粉即飞扬。受潮含水多的面粉，捏而有形，不易散，且内部有发热感，容易发霉结块。

（2）鉴定新鲜度　鉴定新鲜度可以从色泽、香味、滋味、触觉几个方面入手。

① 色泽：鉴别标准如表2-2所示。

表2-2　　　　　　　　　　　　　面粉颜色与面粉质量的关系

面粉的颜色	面粉的质量
呈白色或略带乳黄	良好的面粉
呈深灰色	不良面粉或含有灰尘
有麸皮的微粒	标准面粉
有死样的白褐色	是软性小麦粉或漂白面粉

② 香味：用面粉气味来鉴定面粉的方法是取少量面粉作试样，放在手掌中间，用嘴哈气，使试样温度升高，立即嗅其气味。鉴别的标准如表2-3所示。

表2-3　　　　　　　　　　　　　面粉气味与面粉质量的关系

面粉的气味	面粉的优劣
有新鲜而轻薄的香气	优良的面粉
有不良的土气、陈旧味	劣质的面粉
有酸败臭味	变质的面粉
有霉臭味	霉变的面粉

③ 滋味：面粉滋味的鉴定方法是先用清水漱口，再取面粉试样少许，放在舌上辨别其滋味。鉴别的标准如表2-4所示。

表 2-4　　　　　　　　　　　　　面粉滋味与面粉质量的关系

面粉的滋味	面粉的优劣
咀嚼时能生出甜味	优良的面粉
酸味	变质的面粉
苦味	劣质的面粉
霉味	霉变的面粉

④ 触觉：辨别的标准如表2-5所示。

表 2-5　　　　　　　　　　　　　面粉触觉与面粉质量的关系

面粉的触觉	面粉的质量
有沙沙响的感觉	优良的面粉
如羊毛状有软绵感觉	正常的面粉
手感有过度光滑的感觉	软质的面粉
手感沉重而光滑过度	制作技术不良的面粉

（3）鉴定面筋含量及品质　面筋是一种植物性蛋白质，由麦胶蛋白质和麦谷蛋白质组成。将面粉加入适量水、少许食盐，搅匀上劲，形成面团，稍后用清水反复搓洗，把面团中的淀粉和其他杂质全部洗掉，剩下的即是面筋。

面筋在面团中的作用主要是使面团在冷水调制时质地柔软，具有良好的弹性、韧性和延伸性。另外，面筋的延伸性能抵抗面团中二氧化碳气体膨胀，组织气体外逸，从而使面团形成疏松结构并促使成品质地柔软，具有一定的弹性和韧性。

（四）稻米粉

1. 稻米粉的种类

稻米粉按内容可以分为糯米粉、粳米粉和籼米粉，按加工方法可以分为干磨米粉、湿磨米粉和水磨米粉。

（1）糯米粉　又称江米粉，根据品种的不同又分为粳糯粉（大糯粉）和籼糯粉（小糯粉）。粳糯粉柔糯细滑、黏性大、品质好。籼糯粉质粗硬、黏性大、品质较次。可制作八宝饭、团子、粽子，还可磨成粉或掺和制作年糕、汤圆等。纯糯米粉团一般不发酵使用。

（2）粳米粉　粳米粉的黏性次于籼糯粉，一般

糯米粉

将粳米粉、糯米粉按一定比例配合使用，可制成各式糕团或粉团。粳米磨成水磨粉可制作年糕、打糕等，口感细腻爽滑，别具特色。用纯粳米粉调制的面坯一般不能发酵使用，必须掺入麦类面粉方可制作发酵制品。

（3）籼米粉　籼米粉黏性小、涨性大，其中所含的支链淀粉较少。一般可磨成粉，制作水塔糕、萝卜糕、芋头糕等。籼米粉调成面坯后，因其质硬而松，能够发酵使用。可制得水塔糕、水晶糕等。

2. 稻米粉的工艺性质

稻米中的蛋白质主要由不能生成面筋质的谷胶蛋白和谷蛋白组成。因此米粉面坯没有弹性、韧性和延伸性，但它们的糊化温度比面粉糊化的温度低，因此米粉的黏性大于面粉，其中糯米黏性最大。

（五）杂粮粉

1. 玉米粉

玉米粉可单独制作面食，如窝头、饼子、玉米烙等；也可与其他面粉掺和后使用，还可以制作各式蛋糕、饼干、煎饼、玉米烙等。

2. 小米

小米是健康食品，可单独熬煮，也可添加大枣、红豆、红薯、莲子、百合等，熬成风味各异的营养品。小米磨成粉，可制成糕点，美味可口。

玉米粉

3. 荞麦

荞麦别名甜荞、乌麦、三角麦等，一年生草本。荞麦是短日性作物，喜凉爽湿润，不耐高温旱风，畏霜冻。荞麦性甘味凉，有开胃宽肠、下气消积，治绞肠痧、胃肠积滞、慢性泄泻的功效；同时荞麦还可以做成面条、饸饹、凉粉等食品。

4. 豆粉

绿豆粉可直接用于制作绿豆糕、绿豆煎饼等面点；绿豆粉还可与其他粉掺和使用。赤豆粉常用于制作豆沙馅。

绿豆粉

5. 其他

常用的有马铃薯、红薯、芋头、山药、马蹄、木薯、可可等。

二、制馅原料

制馅原料是面点制作原料的重要组成部分，许多面点需要配馅制成。我国面点的制馅原料极为丰富，有肉类（包括蛋品和蛋制品）、水产类、蔬菜类（包括豆类及豆制品）、干果类和水果蜜饯花草类等。

（一）肉类

家畜、家禽以及飞禽走兽的肉。

（二）水产类

如鱼、虾、蟹、贝、海参等水产品都可以作为馅心原料。选鱼来作原料时应选择个大、肉厚、刺少、味鲜的鱼。

（三）鲜菜类

蔬菜是可供佐餐用的草本植物的总称。此外，有少数木本植物的嫩芽、嫩茎、嫩叶，部分低等植物也可作为蔬菜食用。蔬菜也是烹饪原料中消费量较大的一类。目前许多蔬菜品种已无明显的产地和上市季节的限制，加上贮藏保鲜技术的改进，使得蔬菜在各个季节都能不断地供应市场。

（四）干果类

面点常用的干果有瓜子仁、核桃仁、莲子、芝麻、杏仁、栗子、花生仁、松子仁、桂圆、荔枝、乌枣、红枣等。干果制馅既可以丰富馅心的内容，又能增加馅心的味道和营养价值。

核桃仁

（五）水果蜜饯花草类

这些原料既可以用作点心的配料和馅料，又可直接制作食品，如水果羹、水果冻等。除能增加馅心的香甜风味外，还能用在面点表面镶嵌成各种花卉图案，以调剂面点的色彩和造型，提高成品的质量。

三、调辅原料

（一）油脂

1. 动物性油脂

（1）猪油　在中式酥类面点中用量最多，具有色泽洁白、味道香、起酥性好等优点。猪油的熔点较高，为28~48℃，利于加工操作。

（2）奶油　奶油是从牛奶、羊奶中提取的黄色或白色脂肪性半固体食品，它是由未均质化之前的生牛乳顶层的牛奶脂肪含量较高的一层制得的乳制品。

猪油

（3）黄油　黄油是用牛奶加工出来的，把新鲜牛奶加以搅拌之后上层的浓稠状物体滤去部分水分之后的产物。主要用作调味品，营养丰富但含脂量很高，所以不要食用过多。

2. 植物性油脂

常用的植物性油有花生油、豆油、芝麻油、茶油、菜籽油、橄榄油等。

3. 专用油脂

（1）起酥油　是精炼的动植物油脂及氢化油的混合物，经混合、冷却、塑化加工而成的具有较好的可塑性、起酥性、乳化性等性能的油脂产品。

（2）人造黄油　也称植物黄油，人造黄油是以氢化油为主要原料，添加适量的牛乳或乳制品、香料、乳化剂、防腐剂、抗氧化剂、食盐和维生素，经混合、乳化等工序制作而成的。其乳化性、熔点、软硬度等可根据各种成分比来控制。人造黄油具有良好的延伸性，其风味、口感与天然黄油相似。

（3）人造鲜奶油　用植物油加部分动物油、水、调味料经调配加工而成的具有可塑性的油脂品，用以代替从牛奶取得的天然奶油。其在-18℃以下储藏，使用时应先在常温下稍软化后，用搅拌器慢速搅打至无硬块后，高速搅打至体积胀大为原体积的10~12倍后再改为慢速搅打，直至油脂组织细腻、挺立性好即可使用。常用于蛋糕裱花、点缀、灌馅等。

（4）色拉油　色拉油是植物油经脱色、脱臭、脱蜡、脱酸、脱胶等工艺精制而成。色拉油清澈透亮，流动性好，稳定性好，无不良气味。色拉油是油脂的炸制油，炸制面点色纯、形态好。

油脂在面点中可以增加香味，提高成品的营养价值；使面坯润滑、分层或起酥发松；其乳化性可使成品光滑、油亮、色匀，并有抗"老化"作用；降低黏着性，便于工艺操作；作为传热介质，使成品达到香、脆、酥、松的效果。

（二）糖

1. 蔗糖

蔗糖主要包括白砂糖、绵白糖、红糖、冰糖、糖粉（糖霜）等，可以增加甜味，调节口味，提高成品的营养价值；供给酵母菌养料，调节面坯发酵速度，使酵母膨松性面坯起发增白；改善点心的色泽，美化点心的外观，调节主坯面筋的胀润度，保持成品的柔软性；具有一定的防腐作用，能延长成品的保存期。

白砂糖

2. 果葡糖浆

果葡糖浆是由植物淀粉水解和异构化制成的淀粉糖晶，是一种重要的甜味剂。生产果葡糖浆不受地区和季节限制，设备比较简单，投资费用较低。因为它主要是由果糖和葡萄糖组成，故称为"果葡糖浆"。能防止蔗糖结晶返砂，利于制品成形。

3. 蜂蜜

蜂蜜是蜜蜂从开花植物的花中采得的花蜜在蜂巢中酿制的蜜。

4. 饴糖

饴糖也称麦芽糖，是以米、大麦、小麦、粟或玉米等粮食经发酵糖化制成的糖类食品。有软、硬两种，软者称胶饴，硬者称白饴糖，均可入药，但以用胶饴为主。

饴糖可以增进面点成品的香甜味，增加点心品种，使成品更具光泽；提高制品的滋润型和弹性，起绵软作用；抗蔗糖结晶，防治上浆制品发烊、返砂。

鲜鸡蛋

（三）蛋

面点中常用的蛋品有鲜鸡蛋、咸蛋黄、皮蛋等。蛋能改进面团的组织状态，提高制品的酥松性、绵软性，能改善面点的色、香、味，能提高制品的营养价值。

（四）蛋品

蛋品在面点制作中，既是馅心原料，又是面团调制的辅料。

咸蛋黄

1. 面点中常用的蛋品

面点中常用的是鲜蛋、冰蛋、蛋粉三类，其次还有咸蛋、松花蛋。

① 鲜蛋的蛋白为无色透明的黏性半流体，显碱性；蛋黄呈黏稠的不透明液态，密度较小，常显弱酸性，色泽淡黄或深黄。

② 冰蛋是将鲜蛋去壳后，将蛋液搅拌均匀，经低温冻结而成。

③ 蛋粉是将鲜蛋去壳后，经喷雾干燥而成。使用前先溶化为蛋液，检查其溶解度。凡溶解度低的蛋粉，起泡性和溶化能力较差，用时必须注意。

2. 蛋的理化性质

（1）蛋白的起泡性　蛋白是一种亲水胶体，具有良好的起泡性，在调制物理膨松面团中具有重要作用。

（2）蛋黄的乳化性　蛋黄中含有许多磷脂，磷脂具有亲油和亲水的双重属性，是一种理想的天然乳化剂。能使油、水和其他材料均匀地分布在一起，促进制品组织细腻，质地均匀，疏松可口，具有良好的色泽。

（3）蛋的热凝固性　蛋白对热极为敏感，受热后凝固变性。蛋白在50℃左右开始浑浊，57℃左右黏度稍微增加，58℃左右开始发生白浊，62℃以上则失去流动性呈软冻状，温度增高则硬度加大，70℃时成为块状或冻状，温度再增高则变硬。

3. 蛋品在面点中的作用

（1）提高制品的营养价值　蛋品中含有丰富的蛋白质及人体必需的各种氨基酸，其在人体内的消化率高达98%，生理价值达94%，是食物中天然的优质蛋白质。此外，蛋品中还含有维生素、磷脂和丰富的无机盐。

（2）改进面团的组织形态，提高疏松度和柔软性　如蛋黄能起乳化作用，促进脂肪的乳化，使脂肪充分分散在面团中；蛋白具有起泡性，有利于形成蜂窝结构，增大制品体积。

（3）改善面点的色、香、味　在面点的表面涂上蛋液，经烘烤后呈现金黄发亮的光泽，这是由于羰氨反应引起的褐变作用，即美拉德反应，使制品具有特殊的蛋香味。

（五）盐

调制馅心要用盐调味，调制面团也需用适量的盐。

盐

1. 盐的种类

我国的食盐可分为海盐、矿盐、井盐和湖盐。

2. 盐在面点中的作用

（1）使制品具有咸味，调节口味　面点从味型上可分为甜点、咸点。食盐是咸点必不可少的调味剂。部分甜点在制作时加些食盐，可改进甜点的口味，起到调味作用。

（2）增强面团的弹性和筋力　食盐因有极强的吸水性，能使面粉吸水胀润，从而增加面团弹性；同时，由于食盐溶液具有渗透压作用，又使面团的面筋质地变得紧密，增大面筋的强度。

（3）改进制品的色泽　在面团中添加适量食盐，可使面团组织细密，成品色泽发白，这一点在发酵制品中表现得尤为明显。

（4）调节发酵面团的发酵速度　食盐是酵母生长繁殖的营养素之一，适量的食盐对酵母的生长繁殖有促进作用，但食盐溶液浓度加大后具有渗透压的作用，而对酵母生长繁殖又有抑制作用，因此食盐能起到调节发酵面团发酵速度的作用。

（六）水

水是面点生产的重要原料，在面点生产中起着重要作用。

1. 水质的硬度

水的硬度是反映水中矿物质（主要是指钙盐和镁盐）多少的物理量，通常以硬度来表示水的软硬度。在面点制作中，作为面团调制用水的硬度应以2.85~6.42mmol/L为宜。水的硬度太高，易使面筋硬化，过度增强面筋的韧性，抑制面团发酵，使面包干硬，口感粗糙，易掉渣；水质硬度过小，水质太软，则易使面筋过度软化，面团黏度大，吸水率下降，面团不易起发，易塌陷，体积小，出品率下降，影响效益。

2. 水在面点制作中的作用

（1）水化作用　在面团调制时加入适量的水，可使面粉中的面筋蛋白质吸水胀润形成面筋网络，构成制品的骨架，同时使淀粉在适当温度下（60~80℃）吸水糊化，形成具有加工性能的面团。

（2）调节和控制面团（面糊）的黏稠度（软硬度）。

（3）作为溶剂，溶解干性原、辅材料，使其充分混合，成为均匀一体的面团或面糊。

（4）促进酵母生长繁殖及促进酶对蛋白质和淀粉的水解。

（5）调节和控制面团（面糊）温度，保持制品柔软湿润程度，延长制品保鲜期。

（6）作为烘焙、蒸制的传热介质。

四、食品添加剂

食品添加剂是指为改善食品品质和色、香、味，以及为防腐和加工工艺的需要而加入食品中的化学合成物质或有关天然物质。食品添加剂按其来源可分为天然食品添加剂和化学合成食品添加剂两大类。目前我国使用较多的是化学合成食品添加剂。天然食品添加剂是利用动植物或微生物的代谢产物等为原料，经提取所得的天然物质。化学合成食品添加剂是通过化学手段，使元素或化合物发生氧化、还原、缩合、聚合等合成反应所得到的物质。食品添加剂的使用范围和用量均应遵照《食品安全国家标准　食品添加剂使用标准》（GB2760）。

食品添加剂按其用途可分为膨松剂、色素、色精、香料、防腐剂、增稠剂、乳化剂等。餐饮业常用的添加剂介绍如下。

1. 食用色素

食用色素是以食品原料着色为目的的食品添加剂，可分为天然食用色素和食用合成色素。

2. 食用天然色素

食用天然色素是指由动植物组织中提取的色素，包括红曲色素、叶绿素、胡萝卜素、糖色和紫草色等。

3. 香料

食品香料是指能够用于调配食品香精，并使食品增香的物质。它不仅能够增进食欲，有利于消化吸收，而且对增加食品的花色品种和提高食品质量具有重要的作用。

红曲色素

4. 膨松剂

膨松剂是面点加工工艺中的主要添加剂，它经受热分解产生气体，使面坯起发形成致密多孔的组织，从而使制品膨松、柔软或酥脆。

（1）膨松剂的种类

① 化学膨松剂：化学膨松剂可分为两类：一类是碱性膨松剂，如碳酸氢钠和碳酸氢铵；另一类是复合膨松剂，如发酵粉等。

② 生物膨松剂：生物膨松剂常用的有两种，即压榨鲜酵母和活性干酵母。另外，我国传统工艺中广泛使用的面肥，因含有酵母菌，也可算作一种生物膨松剂。

（2）膨松剂的理化性质

① 化学膨松剂

• 碳酸氢钠的理化性质：碳酸氢钠又名小苏打，呈白色粉末状，味微咸，无臭味；在潮湿或热空气中缓缓分解出二氧化碳。分解温度为60℃，加热至270℃即失去全部二氧化碳。产气量约为261mL/g，pH为8.3，水溶液呈弱碱性。

小苏打

• 碳酸氢铵的理化性质：白色结晶，分解温度为30~60℃，产气量约为700mL/g，在常温下，它容易产生巨臭，故又称臭粉。由于反应中同时产生几种气体，所以，它的膨松能力比小苏打大2~3倍。碳酸氢铵分解后会在面团中残留有刺激味的氨气，影响制品的风味，所以使用时应控制其用量。

• 发酵粉的理化性质：在发酵粉中主要是酸剂和碱剂相互作用产生二氧化碳；填充剂的作用在于增加膨松剂的保存性，防止吸潮结块和失效，同时也有调节气体使气泡均匀产生等作用。发酵粉呈白色粉末状，无异味；在冷水中分解，产生二氧化碳；水溶液基本呈中性，二氧化碳散失后，略显碱性。因其配料中有磷酸钙，故又称营养发酵粉。

② 生物膨松剂

• 压榨鲜酵母：压榨鲜酵母，呈块状，乳白或淡黄色；具有酵母的特殊味道，无腐败气味，不黏，无其他杂质；含水量75%以下，较易酸败；发酵力强而均匀。

• 高活性干酵母：高活性干酵母又称即发活性干酵母，是由高活力的鲜酵母经低温脱水后而制得的有高发酵力的干菌体，呈小颗粒状，一般为淡褐色；含水量为50%~60%，不易酸败，发酵力强，在常温下，贮存于通风干燥处即可。其优点是活性特别高，发酵力可高达1300~1400mL，用量少，活性特别稳定。发酵速度快，适合快速发酵工艺；不需低温贮藏，只需贮藏于20℃以下阴凉干燥处即可。缺点是价格较高。

干酵母

③ 面肥：指含有酵母的面头，行业里也称其为老肥、老面。面肥中除含有酵母菌外，还含有乳酸菌、醋酸菌等杂菌。

（3）膨松剂的使用

① 碳酸氢钠与碳酸氢铵：碳酸氢钠分解后残留的碳酸钠使成品呈碱性而影响口味；使用不当会使成品表面有黄斑点。碳酸氢铵分解后产生强烈刺激性气味的氨气，虽然极易挥发，但成品中仍可残留一些，从而带来一些不良口味。碳酸氢铵一般应控制在2%以内，碳

酸氢铵应控制在1%以内。

②发酵粉：发酵粉在冷水中即可产生二氧化碳，因此，在使用时应尽量避免与水过早接触，以保证正常的发酵力。

③酵母：使用时一般需加入30℃的温水将其溶解成酵母液，再加入少许糖或酵母、营养盐，以恢复其活力。应注意避免酵母液直接与食盐、浓度过高的糖液、油脂等混合。膨松剂的一般用量和保存方法见表2-6。

表2-6　　　　　　　　　　　　膨松剂的用量和保存方法

种类	一般用量	保存方法
碳酸氢钠（小苏打）	在 0.5% ~ 1.5% 的范围内，按正常生产需要使用	密封，在干燥处保存
碳酸氢铵（臭粉）	在 1% 的范围内，按正常生产需要使用	密封，在阴凉干燥处保存
发酵粉	3%	密封保存
压榨鲜酵母	2%	4℃保存
高活性干酵母	2%	密封保存

第 **3** 章

中式面点的面团调制

◎ **学习目标**

1. 掌握水调面团的调制。
2. 掌握膨松面团的调制。
3. 掌握油酥面团的调制。
4. 掌握米粉面团的调制。
5. 掌握其他面团的调制。

面团调制是指将主要原料面粉或米粉等与水、油、蛋、膨松剂等调辅料混合，采用调制工艺使之适合于各式面点加工需要的面团的过程。在中式面点制作中，通常有水调面团、发酵面团、油酥面团、蛋和面团、米粉面团、化学膨松面团和杂粮面团七大面团。每种面团都各有特点，每种面团都有一些代表性的特色品种。

第一节 水调面团调制

水调面团调制离不开水，不同的水温也成就了不同的面团。常见的水调面团按其性质可分为冷水面团、温水面团、热水面团、水氽面团等。

一、水调面团与水的关系

1. 水的硬度与面团的关系

水的硬度对面团的影响较大。水中的矿物质一方面可提供营养；另一方面可增强面团的韧性，但矿物质过量的硬水，导致面筋韧性太强，影响面团的成形效果。

若水的硬度过大，可采用煮沸的方法去除一部分钙离子；如水的硬度过小，则可采用添加矿物盐的方法来补充金属离子。

2. 水的 pH 与面团质量的关系

pH是水质的一项重要指标。pH较低，酸性条件下会导致面筋蛋白质和淀粉的分解，从而导致面团加工性能的降低；pH过高则导致面团的筋性过强。水的pH适中，和面后面团不需特意调节pH就能达到加工要求，给面点制作带来极大的方便。一般的新面pH不低于6.0，控制水的pH也能较好地调节面团的pH，例如，水的pH为6.5时馒头的质量最优。

3. 水在水调面团制品中的作用

面粉加水后，在调制面团的过程中，蛋白质吸水、胀润形成面筋网络，构成制品的骨架；淀粉吸水膨胀，加热后糊化，有利于人体的消化吸收。同时，溶解各种干性原辅料，使原辅料充分混合，成为均匀一体的面团，使面团具有一定的黏稠度和湿度，有利于成形。而且，可以通过调节水温来控制面的性质，形成冷水面团、温水面团、热水面团、水氽面团等。

4. 水温与水调面团质量的关系

水的温度与面团的性质息息相关，是不可忽略的重要因素。我国由于幅员辽阔，各地的温差很大，这也导致了水温的不同，即便是同一地区由于四季的更替，水的温度也有很大的差别。在调制不同的面团时，要考虑这些因素。一般情况下，夏天和面时，水不需加热就可直接加入进行和面；春秋季节稍稍加温到30℃即可；冬天，水最好是加热到40℃左右。

二、水调面团的制作方法

1. 冷水面团

冷水面团是用30℃以下的冷水调制成的，具有组织严密，质地硬实、筋力足、韧性强、拉力大、熟制品色白、吃口爽滑等特点。冷水面团适宜制作水饺、馄饨、面条、春卷皮等。

在冷水面团调制过程中，常用500g标准粉，加200～300g水，特殊的面可多加水，如搅面馅饼，面皮的吃水量在350g左右。冷水面团的调制要经过下粉、掺水、拌、揉、搓等过程，调制时必须用冷水调制。

调制时先将面粉倒在案板上（或和面缸里），在面粉中间用手扒个圆坑，加入冷水（水不能一次加足，可少量多次掺入，防止一次吃不进而外溢），用手从四周慢慢向里抄拌，至呈雪花片状（有的称葡萄面、麦穗面）后，再用力反复揉搓成面团，揉至面团表面光滑并已有筋性并不黏手为止，然后盖上一块洁净湿布，静置一段时间（即醒面）备用。面团调制时应注意以下事项。

① 水温要适当：冷水面团必须使用冷水。即使是冬季，也只能用30℃以下的微温水，夏季不但要用冷水，还要掺入少量的食盐，防止面团"掉劲"。因为盐能增强面团的强度和筋力，并使面团紧密，行业常说"碱是骨头，盐是筋"。加盐调制的面团色泽较白。

② 面团要使劲揉搓：冷水面团中致密的面筋网络主要靠揉搓力量形成。面粉和成团块后要用力捣揿，反复揉搓，直至面团十分光滑、不黏手为止。

③ 调制面团要掌握掺水比例：掺水量主要根据制品需要而定，从大多数品种看面粉和水的比例为2∶1，并且要分多次掺入，防止一次吃不进而外溢。

④ 面团调制好后，需要静置醒面：调制好的面团要用洁净湿布盖好防止风干发生结皮现象，静置一段时间（醒面），使面团中未吸足水分的粉粒充分吸水，更好地形成面筋网络，提高面团的弹性和滋润性，制出的成品也更爽口，醒面的时间一般为10～15min，有的也可醒30min左右。

总而言之，冷水面团要求筋性大，但也不能过大，超过了具体面点制品的需要就会影响成形工作，遇到面团筋力过大的情况，除和面时和软一些外，还可掺些热水揉搓，也可掺入一些淀粉破坏一部分筋劲，行话叫作"打掉横劲"。

2. 温水面团

温水面团是指用50～60℃的水与面粉直接拌和、揉搓而成的面团。或者是指用一部分沸水先将面粉调成雪花面，再淋上冷水拌和、揉搓而成的面团。温水面团的特点：面粉在温水（50~60℃）的作用下，部分淀粉发生了膨胀糊化，蛋白质接近变性，还能形成部分面筋网络。温水面团的成团，蛋白质、淀粉都在起作用。温水面团色较白，筋力较强，柔软、有一定韧性，可塑性强，成熟过程中不易走样，成品较软糯，口感软滑适中，适合做花样蒸饺等。

温水面团调制时一是可直接用温水与面粉调制成温水面团；二是可用沸水打花，再淋冷水的方法调制成温水面团。

温水面团操作关键与冷水面团基本相同，但由于温水面团本身的特点在调制中特别要注意以下两点：第一，水温要准确。调制温水面团，用50~60℃的水比较适宜，不能过高和过低。过高会引起粉粒黏结，达不到温水面团所应有的特点；过低则不膨胀，也达不到温水面团的特点。第二，要散尽面团中的热气。待面团中的热气完全冷却后，再揉和成面团盖上湿布待用，此种面团适合制作花色蒸饺，制出的饺子不易变形。

3. 热水面团

热水面团是指用90℃以上的水与面粉混合、揉搓而成的面团。热水面团的特点：面粉在热水的作用下，即使蛋白质变性，又使淀粉膨胀糊化产生黏性，大量吸水并与水融合形成面团。行业中把烫面的程度称为"三生面""四生面"。"三生面"就是说十成面当中有三成是生的，七成是熟的。"四生面"就是生面占四成，熟面占六成，一般制品大约都在这两个比例之中。热水面团色暗、无光泽、可塑性好、韧性差，成品细腻、软糯黏弹，易于消化吸收，适合做蒸饺、烧卖等。

热水面团在调制过程中，一般常用方法就是把面粉摊在面板上，热水浇在面粉上，边浇边拌和，把面烫成一些疙瘩片，摊开散发热气后，适当浇点冷水和成面团。面团柔软的原因是因为面粉中的淀粉吸收热水后，膨胀和糊化的作用。也有把面粉放到盆里烫面的，不管面放在什么地方烫，主要是掌握好烫熟的程度，才能制出好品种来。如果烫好的面团硬了应补加热水揉到软硬适宜为止。如果面烫软了应补充些干面粉，否则会影响质量。

热水面团调制过程中要注意的事项：第一，热水要浇匀。热水淋烫使淀粉糊化产生黏性；使蛋白质变性，防止生成面筋。在面团调制的过程中，热水要淋烫浇匀。第二，热气要散尽。加水搅匀后要散尽热气，否则郁在面团中，制成的制品不但容易结皮，而且表面粗糙、开裂。第三，加水要准确。该加多少水，在和面时要一次加足，不能成团后再调整。第四，揉面要适度。揉匀揉光即可，多揉则生筋，失掉了热水面团的特性。

4. 水氽面团

水氽面团是完全用100℃的沸水，将面粉充分烫熟而调制成的一种特殊面团。其面粉中的蛋白质完全成熟变性，淀粉充分膨胀糊化。因此，水氽面团的特点是色泽暗、弹性足、黏性强、筋力差、可塑性高，适宜做煎炸类的点心，例如烫面炸糕、泡芙等。

水㳆面团调制时，先将水烧开，然后一边徐徐倒下面粉，一边搅拌，使面粉搅匀至熟。最后倒在涂油的案板之上，摊开面团，使其散尽热气，凉透。再加入适量油脂或蛋品等拌匀。在面团调制过程中，要注意以下两点：第一，水要烧开，水量适宜。水不开，面团熟不透；水多，面团易成稀糊，无法成团；水少，面团则干硬不透。第二，㳆好的面团要切开，让热气彻底散尽，凉透。

第二节　膨松面团调制

一、发酵面团

发酵面团，简称酵面、发面。它是在面粉中加入适量的发酵剂（简称酵），再用冷水或温水调制而成的面团。这种面团通过微生物和酶的催化作用，面团产生大量的二氧化碳，并由于面筋网络组织的形成，而被留在网状组织内，使烘烤面点组织疏松多孔、体积增大。

（一）发酵面团与发酵剂的关系

发酵面团发酵剂主要有酵母、面肥等。虽然使用的发酵剂不同，但是其原理是相通的。

1. 酵母在发酵面团中的发酵原理

酵母分为鲜酵母、干酵母两种，是一种可食用的、营养丰富的单细胞微生物，在有氧气和没有氧气存在的条件下都能够存活。酵母在面团中的发酵主要是利用酵母的生命活动产生的二氧化碳和其他物质，同时发生一系列复杂的变化，使面团蓬松富有弹性，并赋予发酵面团制品特有的色、香、味。

在面团发酵初期，面团中的氧气和其他养分供应充足，酵母的生命活动非常旺盛，这个时候，酵母在进行着有氧呼吸作用，能够迅速将面团中的糖类物质分解成二氧化碳和水，并释放出一定的能量（热能）。在面团发酵的过程中，面团有升温的现象，就是由酵母在面团中有氧呼吸产生的热能导致的。

随着酵母呼吸作用的进行，面团中的氧气有限，氧气逐渐稀薄，而二氧化碳的量逐渐增多，这时酵母的有氧呼吸逐渐转为无氧呼吸，也就是酒精发酵，同时伴随着少量的二氧化碳产生。所以说，二氧化碳是面团膨胀所需气体的主要成分来源。

在整个发酵过程中，酵母一直处于活跃状态，在内部发生了一系列复杂的生物化学反应（如糖酵解、三羧酸循环、酒精发酵等），这需要酵母自身的许多酶参与。

在发酵面团调制中，要有意识地为酵母创造有氧条件，使酵母进行有氧呼吸，产生尽量多的二氧化碳，让面团充分发起来。如在发酵后期的翻面操作，都有利于排除二氧化碳，增加氧气。但是有时也要创造适当缺氧的环境，使酵母发酵生成少量的乙醇、乳酸、乙酸乙酯等物质，提高发酵面团制品所特有的风味。

2. 酵母在发酵面团中的受制因素

酵母在发酵面团中的受制因素包括糖分、温度、湿度等。

第一，面团中的糖分多寡。酵母在发酵过程中只能利用单糖。一般说来，面粉中的单糖很少，不能满足面团发酵的需要。酵母发酵所需的单糖主要来自两个方面：一是面粉中的淀粉水解形成的单糖；二是配料中的蔗糖经过酵母自身的酶系水解成单糖。虽然酵母需要糖作养料，但是当加入过量的蔗糖时，由于糖产生的渗透压的原因，会抑制酵母的生长繁殖，一般来说面粉中最适的蔗糖量在4%～6%。

第二，酵面的温度高低。酵母的最适温度为25～28℃。温度过低，会影响酵母发酵速度而使生产周期延长；温度过高，虽然会缩短发酵时间，但是会给其他杂菌（如乳酸菌、醋酸菌）生长创造有利条件，提高面团酸度，降低产品质量。

第三，面团的软硬程度。酵母的生长速度随着面团中的水分含量而变化。在一定范围内，水分越多，酵母发酵越快，反之越慢。面团的软硬程度，决定了发酵速度的快慢。

第四，发酵时间的长短。发酵时间需要控制得恰到好处。发酵时间不足，面团体积会偏小，质地也会很粗糙，风味不足；发酵时间过度，面团会产生酸味，也会变得很黏，不易操作。

另外，面粉的质量、面团中加入的其他配料如油脂、奶粉、盐类等都与面团的发酵有着密切的关系。在实际操作过程中，这些也是应该注意的。

3. 酵母在发酵面团中的作用

酵母在面团发酵过程中，主要起到以下几种作用：第一，生物膨松作用。由于面筋网络组织的形成，酵母在面团中发酵产生大量的二氧化碳被保留在面团中，使面团松软多孔，体积变大。第二，面筋扩展作用。酵母发酵除产生二氧化碳外，还有增加面筋扩展的作用，提高发酵面团的包气能力。第三，提高发酵面点制品的香味。

酵母发酵时，能使产品产生特有的发酵风味。酵母在面团内发酵时，除二氧化碳和酒精外，还伴有许多与发酵制品风味有关的有挥发性和非挥发性的化合物，形成发酵制品所特有的蒸制或烘焙的芳香气味。第四，提高发酵面点制品的营养价值。酵母体内，蛋白质的含量高达一半，而且主要氨基酸含量充足，尤其是在谷物内较缺乏的赖氨酸，另外，还含有大量的B族维生素。

（二）发酵面团的调制方法

1. 酵母发酵法

调制发酵面团时，先将干酵母粉放入小碗中，用30℃的温水化开，放在一边静置5min，让它们活化一下。酵母菌最有利的繁殖温度是30～40℃。低于0℃，酵母菌失去活性；温度超过50℃时，会将酵母烫死。

然后，将面粉、泡打粉、白糖放入面盆中，用筷子混合均匀。然后倒入酵母水，用筷子搅拌成块，再用手反复揉搓成团。

最后，用一块干净的湿布将面盆盖严，为了防止表面风干，把它放在温暖处静置，等面团体积变大，面中有大量小气泡时就可以了。这个过程大概需要一个小时。在调制面团的过程中，反复揉搓面团是非常必要的，不是简单地将所有食材混合拌匀，而是要尽量地多揉搓面团，目的是使面粉中的蛋白质充分吸收水分后形成面筋，从而能阻止发酵过程中产生的二氧化碳流失，使发好的面团膨松多孔，方便制作发酵面点。

2. 面肥发酵法

面肥，又称酵种（也称"老肥""面头""引子"等）。面肥除含有酵母菌外，还含有较多的醋酸杂菌和乳酸杂菌。面肥是饮食行业传统的酵母催发方式，经济方便，但缺点是发酵时间长，使用时必须加碱中和酸味。常见酵面制作面肥的方法是，取一块当天已经发酵好的面团，用水化开，再加入适量的面粉揉匀，放置盆中自然发酵，到第二天就成了面肥了。所以，面肥发酵面团就是利用隔天的发酵面团所含的酵母菌催发新酵母的一种发酵方法。面肥发面，即用一块面肥和面粉掺和起来调成面团，在一定的温度条件下，如果面团充满多而密的孔洞，体积膨大，发酵面就成功了。

（1）几种酵面的调制方法　在一般情况下，面粉、水和面肥的比例大约为1：0.5：0.05，具体应根据水温、季节、室温、发酵时间等因素来灵活掌握。面肥发酵的面团可分作大酵面、嫩酵面、碰酵面、戗酵面、烫酵面等几种。

① 大酵面的调制方法：大酵面是将面粉加面肥及水和成面团，经一次发足了的酵面，其发酵程度为面肥的八成左右。因为是一次性发足，所以显得特别松软、肥嫩、饱满，其色泽洁白、酸味正常，有一定的酒香味，它的用途较广，适于制作馒头、包子、花卷等品种。

调制大酵面团时一般用5kg面粉掺0.5～1kg面肥（夏季最多0.5kg，冬季可用1.5kg），加水约2.3kg（夏季适当减少，冬季可略增加），发酵时间则因温度而异。如掌握不当，时间过长则成面肥，过短则达不到大酵面团的质量要求。根据经验，夏季发酵时间需1～2h，春秋季约需3h，冬季需5h以上。如气候寒冷，还要放在保温的地方，用棉被盖上，使酵母菌易于繁殖，产生气体。

具体的调制方法：先将面肥放在缸里，倒入水泡一会，用手把面肥在水中抓开；再放入面粉（或把面肥揪成小块和入面粉，再加水）用两手使劲搓；然后用手掌揉，用拳头捣，要揉到面团有劲，揉透、揉光（达到手光、缸光、面光）。

② 嫩酵面的调制方法：又称小酵面、子酵面。嫩酵面是指没有发足的酵面，即用面粉加水再加少许面肥调制，稍发后就使用的面团。这种面团松发中带一些韧性，且具有一定的弹性和延伸性，既有酵面的稍微蓬松特点，又有水调面团结构较紧密的特点，较适宜做皮薄卤多的品种，如小笼包子、蟹黄汤包等。因为这类品种的特点主要是鲜嫩、汤汁多。如果酵面发足则皮子太松，卤汁会渗到皮子中去，导致汁水干少而影响口感。

调制嫩酵面团时，各种原料用量比例均与大酵面团相同，只是发酵时间短，只相当于大酵面团时间的1/3～1/2，即达到要求。

③ 碰酵面的调制方法：又称抢酵面、拼酵面。抢酵面就是用较多的面肥与水调面团拼合在一起，经揉制而成的酵面，故也称拼酵面。这种面团的性质和用途与大酵面团一样，实际上它是大酵面的快速调制法，可随制随用。

调制碰酵面团时，面肥的比例是根据品种的需要、气温的高低、静置的时间长短和老嫩来决定的。一般比例是4∶6，即四成面肥加六成水调面团揉匀而成。也有1∶1的，即面肥和水调面团各一半。在天气很热，或急需使用酵面时，可以用碰酵面来处理。虽说碰酵面面团的性质和用途与大酵面团相同，但其成品质量不如大酵面团制品光洁。所以在操作过程中要注意面肥不能太老，最好用新鲜的面肥；如时间允许，碰好的面团最好醒一醒以后再用。

④ 戗酵面的调制方法：戗酵面就是在酵面中戗入干面粉经揉搓而成的面团。这种面团由于戗制的方式不同而形成不同的特色。一种是用兑好碱的大酵面团戗入30%～40%的干面粉调制而成，即1kg大酵面中戗300～400g干面粉。用这种方法制出的面点，吃口干硬，有筋力，有咬劲，可做戗面馒头、高桩馒头等。另一种是在面肥中戗入50%的干面粉，调制成团，进行发酵。发酵时间与大酵面相同。要求发足，发透，然后兑碱，制成成品。它的特点是制品柔软、香甜、表面开花，面点品种有开花馒头等。

⑤ 烫酵母的调制方法：烫酵母即是把面粉用沸水烫熟，拌成雪花状，稍冷后再放入面肥揉制而成的酵面。烫酵母在拌粉时因用沸水烫粉，所以制品色泽不白净，但吃口软糯、爽滑，较适宜制作煎、烤的品种，如黄桥烧饼、大饼、生煎包子等。

调制烫酵母时在和面缸中放入面粉，中间扒一小窝，将沸水倒入窝中（面、水之比一般为2∶1），用双手伸入缸底由下向上以面粉推水抄拌，成雪花状。稍凉后用双手不停地褫、捣，使其褫透、揉透，再加入面肥（面粉、面肥之比为10∶3），均匀地搋揉即可发酵。

总之，发酵正常的面团，俗称“正肥”，制作的面点洁白松软而有光泽。怎样辨别面团是否起发适度呢？面团发酵1～2h后，如果面团弹性过大，孔洞很少，则需要保持温度，继续发酵；如面团表面裂开，弹性丧失或过小，孔洞成片，酸味很浓，则面团发过了头，此时可以掺和面粉加水后，重新揉和成团，盖上湿布，放置一会，醒一醒，便可做面点了；如果面团弹性适中，孔洞多而较均匀，有酒香味，说明面“发”得合适，这时即可兑碱使用。

（2）兑碱过程　兑碱的目的是为了去除面团中的酸味，使成品更为膨大、洁白、松软。兑好碱的关键是掌握好碱水的浓度，一般以浓度40%的碱水为宜。

① 配制碱水：将50g食碱放入75g清水中溶解，即成40%碱水。饮食行业中遵循的测试碱水浓度的传统方法是切一小块酵面团丢入配好的碱水中，如下沉不浮，则碱水浓度不足40%，可继续加碱溶解；如丢下后立即上浮水面，则碱水浓度超过40%，可加水稀释；如丢入的面团缓缓上浮，既不浮出水面，又不沉底，表明碱水浓度合适。

② 兑碱方法：先在案板上均匀地撒上一层干面粉，将酵面放在干面粉上摊开，均匀地浇上碱液，并进一步沾抹均匀，折叠好。双手交叉，用拳头或掌跟将面团向四周撅开，撅开后卷起来再撅，反复几次后再使劲揉搓，直至碱液均匀地分布在面团中，否则会出现花碱现象。

③ 验碱方法：验碱一般采用感官检验。用刀切开揉好的酵面团，闻之有香味而无明显酸味和碱气味，说明碱量适度；再查看切开的酵面团横断面，如孔洞均匀，略呈圆形如芝麻大小，则酵碱适合。

饮食行业中传统的验碱方法是嗅、尝、揉、拍、看、试这六种。

• 嗅酵法：酵面加碱揉匀后，用刀切开酵面放在鼻子上闻，有酸味即碱少了；有碱味即碱多了，无酸碱味为适当。

• 尝酵法：取出一块加过碱揉匀的面团。放在嘴里嚼一下，味酸则碱少，有碱味则碱多。有酒香味而无酸碱味为正常。

• 揉酵法：面团加碱之后用手揉面团，揉时黏手无劲是碱少；揉时劲大，滑手是碱多；揉时感觉顺手，有一定劲力，不黏手为正常。

• 拍酵法：加过碱的面团揉匀，用手拍面团，拍出的声音空、低沉为碱少，声音实是碱多，拍上去"啪，啪"响亮的是正常。

• 看酵法：加过碱的面团揉匀，用刀切开酵面，内层的孔洞大小不一，是碱少，孔洞呈扁长条形或无孔洞是碱多，孔洞均匀呈圆形、似芝麻大小为正常。

• 试样法：取一小块加碱揉匀的面团放在笼上蒸，成熟后表面呈暗灰色、发亮的是碱少，表面发黄是碱多，表面白净为正常。

二、化学膨松面团

化学膨松剂简称膨松剂。化学膨松面团是采用化学膨松法，即掺入一定数量的化学膨松剂调制而成的面团。化学膨松面团的特点是：制作工序简单，膨松力强、时间短、制品形态饱满、松泡多孔、质感柔软。

（一）化学膨松剂的种类和膨松原理

1. 化学膨松剂的种类

在面点制作中，化学膨松剂大体可分为两类：一类通称发粉，如小苏打、氨粉、发酵粉、泡打粉；另一类即碱、盐。

2. 化学膨松的原理

化学膨松的原理是利用某些化学膨松剂在面团调制和加热时产生的化学反应来实现面团膨松目的。面团内掺入化学膨松剂调制后，在加热成熟时受热分解，可以产生大量的气体，这些气体和生物膨松剂酵母产生的气体的作用是一样的，也可使成品内部结构形成均匀的多孔性组织，达到膨大、酥松的要求。

（二）化学膨松面团的调制方法

把面粉倒在案板上，扒个坑，加入膨松剂搅匀，再加水将面粉拌和在一起，反复揉搓，面团揉匀即可。另一种方法，可以先将化学膨松剂用水溶化后再与面粉拌和，揉成面团。

调制化学膨松面团，因为使用的是化学品，因此，需注意以下几个问题：第一，正确选择化学膨松剂。要根据制品种类的要求、面团性质和化学膨松剂自身的特点，选择适当的化学膨松剂。例如小苏打适用于高温烘烤的糕、饼类制品。氨粉只适合于制作高温烘烤的薄饼类制品。第二，正确掌握化学膨松剂的用量。操作时必须掌握好准确用量，用量多，面团苦涩；用量不足则面团成熟后不疏松，严重影响制品质量。如小苏打的用量一般为面粉重量的1%～2%；氨粉为面粉的0.5%～1%，发酵粉可按其性质和使用要求掌握用量，只有掌握好用量和比例，才能保证面团膨松质量。第三，必须用凉水，不宜使用热水。如果用热水溶解或调制，化学膨松剂遇热起化学反应，分解出一部分二氧化碳，从而降低了面团的膨松质量。第四，面团必须揉匀、揉透。掺入化学膨松剂的面团如未揉匀、揉透，成熟后表面出现黄色斑点，影响起发和口味。

三、物理膨松面团

物理膨松面团是指利用鸡蛋或油脂作调搅介质，依靠鸡蛋清的起泡性或油脂的打发性，经高速搅打后加入面粉等原料调制而成的面团。根据膨松原料的不同，物理膨松面团有两种形式，一种是以鸡蛋为主要膨松原料，同其他原料一起高速搅打或单独经高速搅打后分次加入其他原料调制而成，成为蛋泡面团，其代表品种有清蛋糕、戚风蛋糕等，另一种是以油脂（固态油脂）为主要膨松原料，经高速搅打后加入鸡蛋、面粉等调制而成，成为油蛋面团。物理膨松面团具有细腻柔软、松发孔洞均匀、呈海绵状、成品质地暄软、口味香甜、营养丰富的特点，其代表品种有各种蛋糕。

1. 物理膨松面团的膨松原理

（1）蛋泡面团的膨松原理　蛋泡面团的膨松主要是依靠蛋白的起泡性，因为蛋白是一种亲水性黏稠胶体，具有良好的起泡性能。蛋液经快速而连续搅打后，使空气进入液体内部而形成泡沫，蛋白中的球蛋白降低了表面张力，增加了黏度。黏蛋白和其他蛋白经搅打产生局部变性形成薄膜，将混入的空气包围起来，同时由于蛋液的表面张力迫使泡沫变成球形，加上蛋白胶体具有黏度和加入的原料附着在蛋白泡沫的四周，泡沫层变得浓厚坚实，增强了泡沫的稳定性和持气性。当熟制时，泡沫内气体受热膨胀，使制品呈多孔的疏松结构。蛋白保持气体能力的最佳状态是呈现最大体积之前产生的，过分搅打会破坏蛋白胶体物质的韧性，使蛋液保持气体能力下降。

（2）油蛋面团的膨松原理　制作油脂蛋糕时，糖、油在搅拌过程中能搅入大量空气，并产生气泡。当加入蛋液继续搅拌时，油蛋面团中的气泡会增多，这些气泡在制品烘烤时空气受热膨胀，会使制品形成多孔的疏松结构，质地松软。为了使油蛋面糊在搅拌过程中能够搅入更多的空气，应该选用具有良好的可塑性和融合性的油脂。

2. 物理膨松面团的调制方法

蛋泡面团调制方法分为全蛋法和分蛋法两种。

① 全蛋法蛋泡面团的调制分为一步法和多步法。

• 一步法：将配方中除油脂和水以外的所有原料放入搅拌缸内，先慢速搅拌均匀，然后改为高速搅拌6~7min，加入水再搅拌1min，再改为低速，加入油脂搅拌匀即可。采用一步法一般要求原料中的白糖应为细砂糖，蛋糕油的用量必须大于面粉用量的4%，如果原料中白糖颗粒较粗，则需将糖、蛋放入搅拌缸内中速搅拌至糖溶化（大部分），再加入除油脂和水以外的所有原料按上述方法制作。其特点是成品内部组织细腻，表面平滑有光泽，但体积稍小。

• 多步法：将鸡蛋、白糖、蛋糕油放入搅拌缸内，中速搅拌至糖溶化（大部分），根据糖颗粒的大小选择搅拌时间，一般为1~5min，然后加蛋糕油改为高速搅拌5~7min，待蛋糕油成鸡尾状时加水搅打1min左右，改为低速搅打，加入过筛的粉料搅匀，再加入油脂拌匀即可。其特点是成品内部孔洞大小不均，组织不够细腻，但体积较大。

② 分蛋法蛋泡面团的调制。

• 分蛋：鸡蛋磕开，将蛋黄和蛋清分开。

• 蛋黄面糊调制：先把水、色拉油、白糖一同混合搅拌至糖完全溶化，然后加入过筛的粉料，继续搅拌至光滑无颗粒，最后加入蛋黄继续搅拌至面糊均匀光滑。

• 蛋清打法：将蛋清与白糖一同放入搅拌缸内，中速搅拌至糖溶化，加入盐、塔塔粉后，再改为快速搅拌至中性发泡。

• 混合：取1/3打发的蛋清与蛋黄面糊混合，拌匀以后再全部倒入搅拌缸内，与剩余的2/3的蛋清面糊完全混合均匀即可。

常用的方法是油、糖搅拌法。将油脂与细糖一同放入搅拌缸内，中速搅拌至糖溶化与油脂融合，充入气体，油脂变为乳白色或是淡黄色后开始加入鸡蛋，边加入边搅打，直至制品完全融合，油蛋糊变白、体积膨胀较大为止，最后加入过筛的粉料，调拌均匀。

3. 物理膨松面团调制的技术要领

（1）主要原料对物理膨松面团的影响　在蛋糕制作过程中主要用料有鸡蛋、面粉、白糖以及油脂等。蛋糕原料的好坏对物理膨松面团有很重要的影响。

① 鸡蛋：在选择鸡蛋时一定要注意其新鲜度，越新鲜的鸡蛋发泡性越好，越有利于蛋糕的制作。

② 面粉：面粉的筋性要恰当，在制作清蛋糕时应选用蛋糕粉（低筋粉），在蛋料较低的配置中为保持蛋糕的柔软性，可用玉米淀粉代替部分面粉，但不可使用太多，如使用过多蛋糕在烘烤成熟后容易塌陷。

③ 白糖：在选择白糖时，应注意糖的颗粒大小，对于不同品种的蛋糕可以灵活地选择白砂糖、绵白糖、糖粉。如糖的颗粒过大，搅拌过程中不能完全溶化，成熟后蛋糕底部易有沉淀且会使蛋糕内部比较粗糙，糖的质地不均匀，同时也会使蛋糕表面有斑点。

④ 油脂：油脂在制作油蛋面团中为主要原料，在选用时要注意有良好的可塑性和融合性外，同时还要注意选用熔点较低的油脂，因为这种油脂的渗透性好，能增强面糖团的融合性。

（2）注意辅料的使用。

① 蛋糖油：全蛋法蛋泡面团的调制中一般都会用到一种很要的辅料，那就是蛋糕油。蛋糕油加入后，如果在成熟之前没能完全溶化，那么就会使成品底部有沉淀，所以在使用蛋糕油时应注意用量的多少，切记不可多放，同时要注意蛋糕油应当在高速搅打之前加入。

② 塔塔粉：分蛋法蛋泡面团的调制中经常会用到塔塔粉，它在面团中所起的作用是降低蛋清的pH，从而改善蛋清的起泡性，同时也具有保湿等作用。在使用塔塔粉时要考虑糖颗粒的大小，如糖的颗粒过大，塔塔粉就不能太早加入，太早加入会使蛋清发泡过快，糖不能够完全溶化，影响制品的质量。

③ 泡打粉：在面团调制时如需加入泡打粉，也一定要与面粉一起过筛，使其能充分混合，否则会造成蛋糕表面出现麻点和部分地方出现苦涩味。

（3）控制好温度　打蛋浆时，最佳温度为17～22℃，如冬季气温较低时，蛋浆需适当加热，有利于快速起泡，但不应超过40℃，以防止成熟后蛋糕底部有沉淀和结块。

第三节　油酥面团调制

油酥面团是起酥制品所用面团的总称。根据其制品特点的不同，可分为单酥面团和层酥面团两种，其中单酥面团又分为浆皮面团和混酥面团两类。根据调制面团时是否放水，又分为干酥和水油酥两种。根据成品表现形式，划分为明酥、暗酥、半明半暗酥三种。根据操作时的手法分为大包酥和小包酥两种。

一、油在油酥面团中的起酥原理

1. 油在混酥面团中的作用原理

混酥是使用蛋、糖、油和其他辅料混合在一起调制成的面团。混酥面团制成食品的特点是成形方便，制品成熟后无层次，但质地酥脆，代表作有"桃酥""双麻酥饼"等。

在混酥面团中，油脂以球状或条状、薄膜状存于面团内。在这些球状或条状的油脂中，存有大量的空气，这些空气也随着油脂搅进了面团中。待成形坯料在加热后，面团内的空气就要膨胀。另外，混酥面团用的油量大，面团的吸水率就低。因为水是形成面团面筋网络条件之一，面团缺水严重，面筋生成量就降低了。面团的面筋量越低，制品就越松酥。同时，油脂中的脂肪酸饱和程度也和成品的酥松性有关。油脂中脂肪酸饱和程度越高，结合空气的能力越大，面团的起酥就越好。

2. 油在层酥面团中的作用原理

层酥是用水油面团包入干油酥面团经过擀片、包馅、成形等过程制成的酥类制品。成品成熟后，显现出明显的层次，标准要求是层层如纸，口感松酥脆，口味多变，如海棠酥、枇杷酥等。

层酥需用水油面团做皮，干油酥面团做馅才能做好层酥点心。这是因为仅仅用干油酥面团做酥点，虽然可以起酥，但面质过软，缺乏筋力和韧性，就是勉强成形，在加热熟制过程中也会遇热而散碎。为了保证酥点酥松的特点，又要成形完整，就不能用干油酥面团来做皮，要用有一定筋力和韧性的面团来做皮坯料。用水调面团虽然做皮成形效果好，但影响点心酥性。最好的选择是用适量水、油调制的水油面团做皮坯料。这样皮和馅心密切结合，水油酥包住干油酥，经过折叠、擀压，使水油酥与干油酥层层间隔，既有联系，又不黏连，既能使面团性质具有良好的造型和包捏性能，又能使熟制后的成品具有良好的膨松起酥性，并形成层次而不散碎。

二、单酥面团

（一）浆皮面团

1. 浆皮面团的性质和特点

浆皮面团又称提浆面团、糖皮面团、糖浆面团，是先将蔗糖加水熬制成糖浆，再加入油脂和其他配料，搅拌乳化成乳浊液后加入面粉调制成的面团。面团组织细腻，有一定的韧性和良好的可塑性，从而使制品外表光洁、花纹清晰、饼皮松软，如广式月饼、提浆饼干、鸡仔饼等。

2. 浆皮面团的形成原理

浆皮面团由糖浆调制而成，其含油量不多，主要凭借高浓度的糖浆，达到限制面筋生成的目的，使面团既有一定的韧性，又有良好的可塑性。糖浆限制了水分向蛋白质颗粒内部扩散，限制了蛋白质吸水形成面筋，使得蛋白质只能适度吸水形成部分面筋。加入面团中的油脂均匀分散在面团中，也限制了面筋的形成，使面团弹性、韧性降低，可塑性增加，糖浆中的部分转化糖使面团有保干防潮、吸湿回润的特点。成品饼皮口感湿润绵软，水分不易散失。

3. 转化糖浆的形成原理

大多数浆皮面团都是使用转化糖浆调制。转化糖浆是由砂糖加水溶解，经加热，在酸的作用下转化为葡萄糖和果糖而得到的糖溶液。制取转化糖浆俗称熬糖或熬浆，熬糖所用的糖是白砂糖或绵白糖，其主要成分为蔗糖。熬糖时，随着温度升高，在水分子作用下，蔗糖发生水解生成等量的葡萄糖和果糖。等量的葡萄糖和果糖的混合物统称为转化糖，其水溶液称为转化糖浆，这种变化过程称为转化作用。

蔗糖转化的程度与酸的种类和加入量有关。酸度增大，转化糖的生成量增加；酸的加入量增加，转化糖的生成量增大。常用的酸为柠檬酸。转化糖的生成量还与熬糖时糖液的沸腾速度有关，沸腾越慢，转化糖生成量越大。

除了酸可以作为蔗糖的转化剂，淀粉糖浆、饴糖浆等也可作为蔗糖的转化剂，传统熬糖多使用饴糖。饴糖是麦芽糖、低聚糖和糊精的混合物，呈黏稠的液体，具有不结晶性。其对结晶有较大的抑制作用。熬糖时加入饴糖，可以防止蔗糖析出或返砂，增大蔗糖的溶解度，促进蔗糖转化。

熬好的糖浆要待其自然冷却，并放置一段时间后使用，通常需放置15d后使用最佳。其目的是促进蔗糖继续转化，提高糖浆中转化糖含量，防止蔗糖重结晶返砂，而影响质量，使调制的面团质地更加柔软，延伸性良好，使制品外表光洁、不收缩，花纹清晰，使饼皮能较长时间保持湿润绵软。

4. 浆皮面团的调制

（1）糖浆的熬制

① 熬制转化糖浆的配料：包括砂糖（500g）、水（225g）和柠檬酸（1.5g）。

② 转化糖浆熬制的方法：将水倒入锅中，加砂糖煮沸，待砂糖完全溶化后加入柠檬酸，用小火熬煮40min，煮至糖浆糖度达到78~80℃即可离火。将熬好的糖浆放置半个月后使用。

③ 转化糖浆熬制的关键。

• 熬糖时必须先加水，后加糖，以防止糖粘锅焦煳，而影响糖浆色泽。

• 若砂糖含杂质多，糖浆熬开后，可加入少量蛋清，通过蛋白质受热凝固吸附杂质并浮于糖浆表面，打去浮沫即可除去杂质得到纯净的糖浆。

• 柠檬酸最好在糖液煮沸即温度达到104~105℃时加入。酸性物质在低温下对蔗糖的转化速度慢，最好的转化温度通常在110~115℃，故最好的加酸时间在104~105℃。

• 若使用饴糖作为转化剂熬糖，饴糖的加入量为砂糖量的30%，最好是糖液煮沸、温度达到104~105℃时加入。

• 熬糖时，尤其是熬制广式月饼糖浆时，配料中可加入鲜柠檬、鲜菠萝等。利用鲜柠檬和鲜菠萝中含有的柠檬酸、果胶质等，使糖浆更加光亮，别有风味，使饼皮柔润光洁。

熬糖时也可以加入部分赤砂糖，使熬制的糖浆颜色加深，饼皮色泽更加红亮。

• 注意掌握熬糖的时间和火力大小。若火力大、加热时间长，则糖液水分挥发快，损失多，易造成糖浆温度过高、糖浆变老、颜色加深，冷却后糖浆易返砂；若火力小、加热时间短，则糖浆温度低，糖的转化速度慢，使糖浆转化不充分、浆嫩，调制的面团易生筋，饼皮僵硬。

熬糖的时间、火力与熬糖量及加水量有关：熬糖量大，相应加水量应增大，火力减小，熬制时间延长，否则糖浆熬制不充分，蔗糖转化不充分，熬制的糖浆易返砂，质量较次。

• 熬好的糖浆糖度为78~80℃。糖度低，则浆嫩、含水高，面团易起筋、收缩，饼皮回软差；糖度过高，则浆老，糖浆放置过程中易返砂。通常在糖浆不返砂的情况下，糖度应尽量高。

（2）浆皮面团的调制

① 调制浆皮面团的配料：包括面粉（500g）、糖浆（225g）、植物油（1.5g）和枧水（7g）。

② 浆皮面团调制的方法：将糖浆倒入盆中，分次加入植物油，顺一个方向充分搅匀，然后加入枧水充分搅拌均匀至糖浆颜色变浅，使之乳化成均匀的乳浊液，最后拌入面粉，翻叠成团即可。调制好的面团需放置30min左右使用最佳。

③ 调制关键。

• 拌粉前糖浆、油脂、枧水要充分搅拌乳化均匀，若搅拌时间太短乳化不完全，调制出的面团弹性和韧性不均，外观粗糙，结构松散，重则走油生筋。

• 面团的软硬应与馅料软硬一致，豆沙、莲蓉等馅心较软，面团也应稍软一些；白果、什锦馅等较硬，面团也要硬一些。面团软硬可通过配料中增减糖浆来调节，或以分次拌粉的方式调节，不可另加水调节。

• 拌粉程度要适当不要过长时间翻叠面团，以免面团生筋或渗油。

• 面团调好后放置时间不宜过长可先拌入2/3的面粉调制成软面糊状待用，待使用时再加入剩余的面粉来调节面团的软硬，用多少拌多少，从而保证面团的质量。

（二）混酥面团

1. 混酥面团的性质和特点

混酥面团又称松酥面团，一般由面粉、油脂、糖、鸡蛋、乳及适量的化学膨松剂等原料调制而成的面团。混酥面团多糖、多油脂，少量鸡蛋，一般不加水或加极少量的水，面团较为松散，无层次、缺乏弹性和韧性，但具有良好的可塑性，经烘烤或油炸成熟后，口感酥松，如桃酥、甘露酥、拿酥、开口笑等品种。

调制混酥面团时，油、糖、蛋、乳要先充分搅拌乳化，使之形成均匀的乳浊液，使油脂呈细小的微粒分散在水中或水均匀分散在油脂中。油、水乳化的好坏直接影响面团的质量：乳化越充分，油微粒或水微粒越细小，拌入面粉后能够更均匀地分散在面团中，限制了面筋的生成，形成细腻柔软且松散的面团。蛋、乳可以提高制品的营养价值，增加制品的档次，蛋、乳中含有的磷脂又是良好的乳化剂，可以促进油和水的乳化，从而使面团的组织更加细腻。

2. 混酥面团的起酥原理

混酥面团的油、糖含量较高，利用油、糖的作用一方面可限制面筋的生成；另一方面在面团调制过程中结合空气，也会使制品达到松、酥的口感要求。

油脂本身是一种胶性物质，以球状或条状、薄膜状存在于面团中，具有一定的黏性和表面张力，面团中加入油脂，面粉颗粒被油脂包围，并牢牢地与油脂黏在一起，阻碍了面粉吸水，从而限制了面筋的生成。面团中用油量越高，面团的吸水率和面筋生成量降低，制品越酥松。糖具有很强的吸水性，在调制面团时，糖会迅速夺取面团中的水分，从而也限制了面筋蛋白质的吸水和面筋的生成，生成的面筋越少，制品就越酥松。同时在调制面团过程中油脂会结合大量空气，当生坯加热时气体受热膨胀，使制品体积膨大、酥松并呈现多孔结构。调制混酥面团时常常添加适量的化学膨松剂，如泡打粉、小苏打、臭粉等，借助膨松剂受热产生的气体来补充面团中气体含量的不足，可增大制品的酥松性，这就是混酥面团的起酥原理。

油脂中空气结合量随着加入面粉前的搅拌情况和加入糖的颗粒状态而不同：加入糖的颗粒越小，搅拌越充分，则油脂中空气含量越高；油脂结合空气的能力还与油脂中脂肪酸的饱和程度有关：含饱和脂肪酸越高的油脂，结合空气的能力越大，起酥性越好。不同的油脂在面团中分布的状态不同，含饱和脂肪酸高的氢化油和动物油脂大多以条状或薄膜状存在于面团中，而植物油大多以球状存在于面团中，条状或薄膜状的油脂比球状的油脂润滑的面积大，具有更好的起酥性。

3. 混酥面团的调制

（1）混酥面团配料　参见表3-1。

表 3-1　　　　　　　　　　　　　　　　混酥面团配料

品种	面粉 /g	糖 /g	油脂 /g	蛋 /g	发酵粉 /g	小苏打 /g	臭粉 /g
桃酥面团	500	200	225	100		5	5
松酥面团	500	200	200	200	10		
拿酥面团	500	150	300	50			
甘露酥面团	500	200	230	100	8		2

（2）调制方法　将面粉与疏松剂一并过筛置于案板上，中间扒窝，加入油脂和糖，用手掌搓搅至糖融化，再分次加入蛋液充分搅拌乳化成均匀的乳浊液，若需加入牛奶和水，也要分别依次加入，并边加边搅拌均匀，最后拌入面粉。拌粉时，手要快，要采用翻叠法（覆叠法）进行调制，将尚松散的团块状原料，层层上堆，使各种原料在翻叠过程中自然渗透，面团逐渐由松散状态变为弱团聚状，并由硬变软，待软硬适度即可停止调制。

（3）调制关键　面粉宜选用低筋面粉因面粉筋度过高，在面团调制过程中容易产生筋性，影响制品的酥松程度。应严格按照先乳化油、糖、蛋、乳、水，再拌面粉的顺序投料油、糖、蛋、乳、水必须充分乳化，乳化不均匀会使面团出现发散、浸油、出筋等现象。在加入面粉后，拌粉时间要短，速度要快，防止面团形成面筋，面团呈团聚状即可。面团温度宜低，放置时间宜短，温度高，面团容易走油，出筋调制好的混酥面团不宜久放，否则易产生面筋，面团调制好后应立即成形，做到随调随用。面团软硬要适中。面团过软，则制品摊性大、不易保持形态，并且软面团易产生面筋；面团过硬，则制品酥松性欠佳。面团的软硬程度在油、糖比例确定的情况下，还依靠蛋或乳、水来调节，面团中加水要一次加足，严禁在拌粉过程中或成团后再加水。

三、层酥面团

（一）层酥面团的性质和特点

凡是制品起酥层的都统称为层酥。层酥面团由性质完全不同的两块面团构成，一块面团称为水油面团（水油面、水面、酵面），主要是以水、油、面粉为原料调制而成的面团，根据制品的要求和用途可添加鸡蛋、牛奶、饴糖等；另一块面团称为干油酥面团（干油酥、油酥面），是全部用油脂与面粉擦制而成的面团，没有筋力，酥性良好。水油面与油酥面经包制、相叠起酥，形成层层相隔的组织结构，加热成熟后制品自然分层、体积膨胀、口感酥松。

层酥面团根据所用皮料不同可分为水油酥皮、酵面酥皮、水面酥皮、擘（或掰）酥皮等。水油酥皮用水油面包油酥面制坯而成；酵面酥皮用发酵面团包油酥面制坯而成；水面酥皮用冷水面团或蛋水面团包油酥面制坯而成；擘酥皮用油酥面包冷水面团制坯而成。

中式面点的层酥面团以水油酥皮为主，其制品酥层表现有明酥、暗酥、半暗酥等。品种造型变化多样，常用于精细面点制作。酵面酥皮以发酵面团包油酥面制坯而成，如蟹壳黄、黄桥烧饼等，制品既有油酥面的酥香松化，又有酵面的松软柔嫩，酥层以暗酥为主，制法较简单，成熟方法以烘烤为主。擘酥皮是广式面点中极具特色的一种皮料，融合了西点起酥类制皮的方法，形成的制品具有较大的起发性，体积胀大，层次分明，口感松香酥化。传统的擘酥皮是以油酥面包冷水面团制坯而成，其操作难度较大，现在很多擘酥品种的制作都以水面酥皮代替传统擘酥皮，即用冷水面团包油酥面制坯。

（二）层酥面团的形成及起酥原理

层酥面团的形成及起酥原理是干油酥与水油面共同作用的结果。

1. 干油酥面团的形成与起酥原理

油脂具有一定的黏性和表面张力。当调制油酥面团时，油脂与面粉混合，油脂掺入画粉内，将面粉颗粒包围起来，黏结在一起，但因油脂的表面张力强，不易流散，油脂与面粉不易混合均匀，经过反复"擦"扩大了油脂与面粉颗粒的接触面，使面粉颗粒之间彼此黏结在一起，从而形成了面团。这也是干油酥面团为什么要用"擦"的方式成团的原因。

在干油酥面团中面粉颗粒和油脂并没有结合在一起，只是油脂包围着面粉颗粒，并依靠油脂黏性结合起来，不像水调面团那样蛋白质吸水形成面筋，淀粉吸水膨润，因此油酥面团比较松散，可塑性强，没有筋力，不宜单独使用制作成品，必须与水油面配合使用。干油酥面团中面粉颗粒被油脂包围、隔开，面粉颗粒之间的间距扩大，空隙中充满空气，经加热，气体受热膨胀，使制品酥松；此外，面团中水分很少，面粉中的淀粉未吸水胀润，也会促进制品变脆。

2. 水油面团的形成原理及特性

水油面团是以水、油、面粉为主要原料调制成的面团，面团具有一定的筋性和良好的延伸性。调制水油面团时，首先将油、水乳化，油、水形成乳浊液后加入面粉拌和，水分子首先被吸附在面筋蛋白质表面，然后被蛋白质吸收而形成面筋网络，油滴作为隔离介质分散在面筋之间，使面团表面光滑、柔韧。由于油和水在加面粉前已形成一定浓度的乳浊液，使面筋蛋白质既能吸水形成面筋而具有一定的筋力，又不能吸收足够的水分而筋性太强，因而形成的面团既有一定筋性、又有良好的延伸性。

3. 起层原理

水油面和油酥面的性质决定了它们在层酥面团中的作用。水油面团具有一定的筋力和延伸性，可以进行擀制、成形和包捏，适宜作皮料；油酥面性质松散，没有筋力，一般用作酥心包在水油面团中，从而也能被擀制、包捏和成形。水油面和油酥面的相互配合、互相间隔，就起到了分层和起酥的作用。

层酥面团通过水油面包油酥面经过多次擀、卷、叠形成水油面和油酥面层层相隔的结构。由于油脂的隔离作用，经加热后，水皮和油酥分层，就形成了层酥类制品特有的造型和酥松香脆的口感。

（三）层酥面团的调制

1. 水油酥皮的调制

（1）水油面团的调制。

① 水油面团的配料：包括面粉（500g）、油脂（75～150g）和蛋（225～275g）。

② 调制方法：水油面团的调制方法与冷水面团基本相同，只是在拌粉前，要先将油、水充分搅拌乳化，再用抄拌法将油、水与面粉拌和均匀，充分揉成团，这样调制的面团细腻、光滑、柔韧。若水、油分别加入面团中，会影响面粉和水、油的结合，造成面团筋、酥不均匀。

③ 调制关键。

• 水、油要充分乳化：水、油乳化越好，油脂在面团中分布越均匀，面团性能一致，细腻、光滑。若水、油乳化不均匀，则会造成部分面粉吸水多、面筋形成强，部分面粉与油脂结合多、筋性差的现象，使面团筋酥不均匀，从而影响面团的性能。

• 用油要精心挑选：传统中式面点水油酥皮的用油以熬炼的猪板油最为普遍，效果最好。猪油色泽洁白，可塑性强，起酥性好，制作出的产品品质细腻，脂香浓郁。现在除了猪油外，还可用牛油、奶油、起酥油、人造黄奶油、无水酥油等固态油脂，也有用花生油、色拉油、豆油、液态酥油等液态油脂。

• 油量要适当：水油面团的用油量，要根据面粉质量而定，用油量与面筋含量成正比。面筋含量高的面粉，要多加油脂，面筋含量少的面粉则少加油脂。一般情况下，用油量为面粉量的15%～30%。若面筋含量低，用油量高，油脂的疏水作用限制面筋生成，使面团韧性和延伸性降低，制品酥层易散碎，并且因油脂在面筋表面过多的覆盖，会影响制品色泽的形成。

水油面团的用油量根据气温高低也有不同。夏季油脂软，用油量可稍低；相反冬季油脂硬，用油量可稍高。另外，固态油脂的用量要比液态油脂的用量高。水油面团用油量与制品成熟方法也有关，烘烤的水油酥制品用油量稍高，油炸的制品用油量稍低。

• 水量、水温要适当：水油面的用水量受面粉质量和用油量多少而变化，随油量增加而减少，随面筋含量的增加而增大。一般水油面团的用水量为面粉量的45%～55%。用水过多，面团游离水增多，面团软黏，开酥时，水油面和油酥面容易分布不均，影响制品起酥；用水过少，面团韧性强，延伸性差，不便于开酥、成形操作。

一般调制水油面团都用冷水，面团温度控制在22～28℃为宜。水温过高，会使淀粉糊化使面团黏度增加，不便于操作；水温过低，影响面筋的胀润度，使面团筋性增加，延伸性降低，影响成形。应根据季节和气温的变化而控制水温。

• 辅料的影响：一般水油面团配方中仅有面粉、油和水，但根据品种需要可以添加鸡蛋、糖、饴糖等。鸡蛋中含有磷脂，可以促进水、油的乳化，使调制出的面团光洁、细腻、柔韧。饴糖中含有糊精，糊精具有黏稠性，可起到促进水油乳化的作用，同时饴糖能改善制品的皮色。

（2）干油酥面团的调制。

① 干油酥面团配料：包括面粉（500g），油脂（250g）。

② 调制方法：干油酥面团的调制采用"擦"的方法，面粉放在案板上，加油拌匀，用双手推擦，即用双手手掌根一层一层向前推擦，擦完一遍后，再重复操作，直到擦透为止。

③ 调制关键。

• 油脂的选择：不同的油脂调制成的油酥面团，性质不同，一般用动物油脂擦酥。动物油脂在面团中呈片状和薄膜状，润滑面积较大，结合的空气多，起酥性好；植物油脂在面团中呈球状，润滑面积小，结合的空气量较少，故起酥性稍差。常用的动物油脂为猪油，猪油应选择颜色洁白、凝固性好、含水量低的。

• 油量要适当：油量的多少直接影响制品的质量。油脂量过多，则干油酥面团过软，开酥时油酥向边缘堆积，造成酥层不均；油脂用量过少，油酥过硬，易造成破酥，且制品不酥松。

• 软硬要适当：油酥面团的软硬应与水油面一致，否则一软一硬，会造成酥层厚薄不均，甚至破酥。

（3）起酥。

① 起酥方法：起酥又称包酥、开酥，是水油面团包干油酥面团经擀、卷、叠、下剂制成酥层面点皮坯的过程。起酥是制作层酥制品的关键，起酥的好坏，直接影响成品的质量。在具体做法上主要有大包酥和小包酥两种。

• 大包酥：又称大酥、大破酥，采用此方法一次可制作十几个甚至几十个剂坯，具有产量大、速度快、效率高的特点。但酥层不易均匀、质量较粗、不够精致。大包酥的擀制方法有多种，常用的方法是用水油面包干油酥面，由内向外按扁，用面杖擀成长方形薄片，叠三折，再擀开呈长方形，然后由外向内卷起呈圆筒状，根据品种需要进行下剂，或直接切块成坯。

• 小包酥：又称小破酥、小酥，此方法一次只能制作几个剂子，甚至一个一个地制作。其具体做法是：先将水油面和油酥面按比例下剂，然后用水油面剂包油酥面剂，按扁擀成牛舌形，由外向内卷成圆筒，按扁叠三折，擀成圆皮即可成形。小包酥的特点是擀制方便，酥层清晰均匀，坯皮光滑而不易破裂，但速度慢，效率低，适宜制作精细花色酥点。

② 起酥操作的关键。

• 水油面和油酥面的比例要适当。油酥面过多，擀制困难，而且易破酥、露馅，成熟时易散碎；水油面过多，则易造成酥层不清，成品不酥松。一般油炸型酥点水油面和油酥面的比例为6：4或7：3；烘烤类酥点为5：5，具体品种不同，水油面和油酥面的比例也不尽相同。菊花酥、荷花酥等花瓣较细的酥点，要保持良好的形态，包酥比例多为7：3；鲜花饼、萝卜饼等多用6：4。

• 水油面和油酥面要软硬一致。油酥面过硬，起酥时易破酥；油酥面过软而水油面过硬，则擀制时油酥向面团边缘堆积，易造成酥层不均，影响制品成形和起层。大包酥的水油面要稍软，小包酥的则应稍硬。

• 擀酥时用力要均匀，使酥皮厚薄一致。

• 擀酥时扑粉应尽量少用。扑粉用得过多黏在酥皮上，成熟时易使酥层变粗糙，影响成品质量。

• 卷筒要卷紧，否则酥层之间黏结不牢，易造成酥皮分离、脱壳。

• 大包酥面剂要用湿布盖上，避免翻硬；若是小包酥，则水油皮面剂要用湿布盖上。

③ 水油酥皮的种类：为适应不同层酥制品的特色要求，水油酥皮可分为明酥、暗酥、半暗酥三种类型。

• 暗酥：凡制成品酥层在制品内部，表面看不到层次的称为暗酥。将水油酥皮卷成圆筒后，用手扯下面剂，按皮，将表面光滑的一面作面子，不整齐的一面作里子，包馅成形而成。由于暗酥的酥层藏在里面，入油炸或入炉烘烤，内部油酥受热熔化，气体向外逸出，并受热膨胀，因此暗酥胀发性较大，如各类酥饼、苏式月饼、蛋黄酥等制品。

暗酥制品在制作过程中需要注意：起酥要均匀，酥皮擀得不宜过薄；要以光滑看不到酥纹的一面作面子。

• 明酥：凡是用刀切面剂，刀口呈明显酥纹，制成品表面起明显酥层的，称为明酥。明酥可分为圆酥、直酥、平酥、剖酥四种。圆酥是水油酥皮卷成圆筒后用刀横切成面剂，面剂刀口呈螺旋形酥纹，以刀口面向案板直按成圆皮进行包捏成形，使圆形酥纹露在外面，如龙眼酥、酥盒等。直酥是水油酥皮卷成圆筒后用刀横切成段，再顺刀剖开成两个皮坯，以刀口面有直线酥纹的为面子，无酥纹的作里子进行包捏成形，如榴莲酥、莲藕酥等。平酥是水油酥皮擀薄后直接切成一定形状的皮坯，再夹馅、成形或直接成熟，如兰花酥、千层酥、鸭梨酥角等。剖酥是在暗酥的基础上剖刀，经成熟使制品酥层外翻。剖酥制品分油炸型和烘烤型两种。油炸型剖酥的具体制法是：水油酥皮卷成筒后，用手揪成面剂，包入馅心按成符合制品要求的形状，放在案板上十几分钟，使之表面翻硬，然后用锋利的刀片在饼坯上剖刀，通过油炸、使酥层外翻，如菊花酥、层层酥、荷花酥等。

圆酥与直酥在制作过程中需注意：起酥要均匀，不能破酥，擀皮厚度要一致，卷筒要紧，这样方能达到酥纹均匀、细致、不脱壳。按皮坯时要按准、按圆，使酥纹在中心，包馅成熟后酥纹才能整齐。包馅时要以酥纹清晰的一面作面子；另一面作里子。

平酥在制作过程中需注意：擀制酥皮时厚度要均匀一致，不能破酥；切坯时刀要锋利，避免刀口黏连。

油炸型剖酥制作难度较大，制作过程中需注意：起酥要均匀，酥皮不宜擀得过薄或过厚。过薄酥层易碎；过厚酥层少，影响制品形态美观。要待半成品翻硬后才可剖刀，否则刀口处的酥层相互黏连，影响制品翻酥。烘烤型剖酥的具体制法是：以暗酥面剂为皮坯，放入馅心包捏成一定形状后，用刀切出数条刀口，再整形而成，如菊花酥饼、京八件等。

• 半暗酥：半暗酥一般采用大包酥的技法。水油酥皮卷成筒后，用刀切成段，刀口面向两侧光面向上，用手斜按成半边有酥纹半边无酥纹的圆皮，包馅成形后，制品一部分酥层露在外面，一部分酥层藏在里面。半暗酥适宜制作果类的花色酥点，如果味酥饼。制作时要求起酥均匀，酥纹清晰的一面作面子。

2. 酵面酥皮的调制

（1）酵面酥皮面团配料　见表3-2。

表 3-2 酵面酥皮面团配料

品种	发酵面团				干油酥面团	
	面粉 /g	酵面 /g	水 /g	碱	面粉 /g	油脂 /g
黄桥烧饼	650	20	325	适量	500	250
蟹壳黄	500	100	250	适量	500	250

（2）调制方法。

① 调制发酵面团：和面的水温根据季节进行调节，夏季用冷水；冬季用温热水。一些品种为使其软糯性更好，调制发酵面团时用热水和面或部分热水部分冷水和面，使面团韧性降低，部分淀粉糊化，黏糯性增强，总之，根据制品性质要求来选择。面粉加水、酵种调制成团，盖上湿布，任其发酵，达到要求发酵程度后，加碱中和去酸，揉至面团正碱。

② 擦制油酥面团：面粉加入猪油擦制成团，根据品种需要，油酥中可加入其他辅料，

如糖、盐、葱末等。酵面酥皮的油酥也常用植物油调制，还有是将植物油加热至七八成热后，冲入面粉中调制成较稀软的油酥，用抹酥的方法进行开酥，只是起酥的质量稍差。

③ 起酥：酵面酥皮起酥可用小包酥也可用大包酥，包馅品种多用暗酥。

3. 水面酥皮的调制

（1）水面酥皮面团配料　见表3-3。

表 3-3　　　　　　　　　　　　　　　　水面酥皮面团配料

面团	面粉 /g	猪油（或奶油） /g	精盐 /g	水 /g
水面	500		10	275
油酥面	150 ~ 200	500		

（2）调制方法。

① 调制水面：面粉置于案板上，中间扒窝，放入精盐、水，逐渐拌入面粉和成面团，反复揉搓至面团光滑不黏手有弹力，这时用刀在面团上切一个"十"字裂口，用保鲜膜盖上，静置半小时，让面团充分松弛，或直接盖上保鲜膜静置松弛。

② 调制油酥面团：将猪油与面粉混合，用手擦匀，放入冰箱冷冻，待冷冻至八成硬度时取出，用走槌捶打，使油软化，整理成方形或长方形。

③ 包油和擀叠（即起酥）：水油酥皮包油擀叠方法主要有以下两种：

• 将面团中十字掰开，四个角擀薄，呈十字形，中间较厚；将油酥放在面皮中间，拉起面皮一角包住中间油酥，其他三角同样拉起包住油酥；然后将面坯擀薄，折成四折，放入冰柜冷冻，使油脂凝结；再取出擀薄，折成四折再冷冻；再取出擀薄，根据品种要求制坯，即得水面酥皮。

• 将静置后的水面擀成长方形，取出已冻硬的油酥，边敲边擀成水面的一半大小，放在水面上面，再将另一半覆盖于上面，擀开后三折，放入冰柜冷冻一定时间；待硬后取出，再擀开折三折，再入冰柜冷冻；再擀开三折，再入冰柜冷冻；待冻硬后取出擀薄，根据品种需要以平酥的方式制坯即成。

（3）操作关键。

① 面粉的选择：水面酥皮油脂用量很大，在烘烤成熟过程中胀发性大，要求水面有足够的筋力保证酥层完整，不散碎，因此调制水面的面粉筋力要好，一般用高筋粉或中筋粉。而调制油酥的面粉宜用低筋粉。

② 油脂的选择：调制油酥的油脂宜选用凝固性好，熔点较高，可塑性、起酥性好的油脂。传统中点较多使用凝固猪板油。此外，天然奶油（即白脱油）是制作水面酥皮的良好油脂，但成本很高，随着加工油脂的出现和发展，工艺性能优于天然油脂的人造奶油（也称黄

油、麦淇淋）、片状酥油等，逐渐运用到水油酥皮中，并取得良好的效果。油脂的性质与水面酥皮质量有很大关系。性能好的油脂，不仅使水面酥皮的制作更方便更容易，其制品也具有更好的起发性，且口感更酥松。

③ 水面要反复揉透，充分醒面：面团良好的筋力是制品酥层完整的保证。通过充分揉搓，甚至摔打，使面筋充分扩展，使面团具有良好的弹性和延伸性。经静置醒面，让面团充分松弛，便于包油后擀叠操作。

④ 每擀叠一次都需要冷冻：每次擀叠后，需进冰柜冷冻，目的是使油脂凝结。使油酥的硬度能与水面保持一致，油脂过软，擀酥时会向边缘堆积，影响起酥效果，因此，酥面一定要冻得硬度适中才可操作。冷冻时间随气温而定，夏季就需要时间长些。

4. 擘酥皮的调制

擘酥皮以油酥面包水面，酥层的起发性较水油酥皮更大，且口感更加松化酥脆。

（1）擘酥皮面团配料　见表3-4。

表 3-4　　　　　　　　　　　　　　擘酥皮面团配料

面团种类	面粉 /g	猪油（或奶油）/g	精盐 /g	水 /g
油酥面	150 ~ 200	500		
水面	300		10	165

（2）调制方法。

① 调制油酥和水面：冻猪板油中掺入面粉，搓擦均匀，压成长方形，放入托盘的一边；再将水皮面粉置于案板上，中间扒窝，放入盐、水拌和成团，反复揉搓至面团光滑有韧性，放入托盘的另一边，盖上保鲜膜，放入冰柜内冷冻至硬，使两块面团的硬度一致。

② 折叠开酥：将冻硬的油酥取出，放于案板上，用走槌压薄；再取出水面放于案板上，用走槌擀薄与油酥大小一致，轻轻放在油酥面上，再用走槌擀成长方形，把两端向中间折入（三折，称为日字折），轻轻压平，再擀开，折成四折，称为蝴蝶折。待静置5min后，再擀薄呈长方形，折叠，如此折叠2~3次后，放入托盘，盖上保鲜膜冷冻30min，取出擀薄制坯即成。

（3）操作关键。

① 水面和油酥要冷冻至软硬适中，才便于开酥擀制。

② 开酥擀叠过程中，若油酥变软，要放入冰柜冷冻使油脂凝结后才能继续进行开酥，以保证酥皮质量。

第四节 米粉面团调制

米团及米粉团是用米及米粉调制而成的，而米粉是米通过磨制加工制成的，其组成成分和米一样，主要成分都是淀粉和蛋白质，但二者的状态并不相同，使得其调制技术、成团效果、成品口感都有所差别。

根据米的性质的不同，大米有糯米、粳米、籼米之分，米粉有糯米粉、粳米粉和籼米粉之分。其物理性质存在很大的差异，糯米及糯米粉黏性大、硬度低，其制品吃口黏糯，不易翻硬，适宜制作黏韧柔软的点心，如各种糕、团、粽等；籼米及籼米粉黏性小，硬度大，其制品放置易翻硬，适宜制作米粉、米线、米饼、米饭等，籼米中直链淀粉含量较高，也常用作发酵，制作各种发酵米糕；粳米及粳米粉性质介于糯米和籼米之间，适宜制作各种糕、团、粥、饭等。因此，用米和米粉可制作出丰富多彩的糕类、团类、粉类、饼类、饭类、粥类、粽等。

米团及米粉团的成团原理：由于米及米粉所含的蛋白质不能产生面筋，用冷水调制时淀粉没有糊化不会产生黏性，使其很难成团，即使成团，也很散碎，不易制皮、包捏成形，因此，米团及米粉团一般不会用冷水调制，而大都采取特殊措施和办法，如提高水温、蒸、煮等方法，使淀粉发生糊化作用从而黏结成团。

根据加工方式的不同，通常将米团及米粉团分为如下几类（表3-5）。

表 3-5　　　　　　　　　　　米团及米粉团的分类

面团分类		品种举例
米团	干蒸米团	八宝饭
	盆蒸米团	糍粑
	煮米团	珍珠圆子
米粉团	糕类粉团	年糕
	团类粉团	汤圆
	发酵粉团	白蜂糕

一、米团

米制品主要包括各种饭、粥、糕、粽等，而米制品坯团的调制主要是通过蒸米和煮米两种方式来完成的，使米受热成熟产生黏性，彼此黏结在一起成为坯团，便于进一步加工成形。蒸米又分为干蒸和盆蒸两种工艺。

（一）干蒸米团

1. 干蒸米团的性质和特点

干蒸米团是将米洗好后用清水浸泡一段时间，让米粒充分吸水，再沥干水分上屉蒸熟，其成团后的特点是饭粒松爽，软糯适度，容易保持形态，适宜制作各种水晶糕、八宝饭等。

2. 干蒸米团的调制

（1）操作流程　淘米 → 浸米 → 沥水 → 蒸熟 → 制坯

（2）调制方法　将米淘洗干净，放入盆内加水浸泡3~5h，沥干水分，倒入铺有屉布的笼屉内或装入容器内蒸熟，蒸的过程中适当洒水。

（3）操作关键　浸米时间要适当，浸米是为了使米粒吸收水分，干蒸时容易成熟。要根据制品的要求控制好浸米的时间。

蒸米过程中可适当洒水，其目的是促进米粒吸水，有助于米粒成熟。

（二）盆蒸米团

1. 盆蒸米团的性质和特点

盆蒸米团就是将米洗净后装入盆内，加水蒸熟。其特点是饭粒软糯性好，适宜制作米饭、糍粑等。

2. 盆蒸米团的调制

（1）操作流程　淘米 → 装盆 → 加水 → 蒸熟 → 制坯

（2）调制方法　将米淘洗干净，装入盆内，再加入适量的清水，上屉蒸熟。

（3）操作关键　注意加水量，加水过多或过少都会影响其成品质量。通常糯米需少加水，粳米和籼米需适当多加水蒸制。

米要蒸熟蒸透，蒸至米粒中不出现硬心为止。

（三）煮米团

1. 煮米团的性质和特点

利用煮米工艺通常会制作一些既要成团又要有饭的颗粒感的坯团。其品种主要也是一些米团。

2. 煮米团的调制

（1）操作流程　淘米 → 沸水下锅煮制 → 起锅沥水 → 拌入辅料 → 制坯

（2）调制方法　将米淘洗干净，加入沸水锅中煮制，煮至米粒成熟或八至九成熟，起锅沥水，趁热加入鸡蛋液、细淀粉等原料，利用米粒成熟产生的黏性和淀粉、蛋液受热产生的黏性使米粒黏结在一起成为坯团。

（3）操作关键　煮米制坯时应沸水下锅。

米煮制结束后要趁热加入其他辅料，并快速拌匀，以使各种原料受热均匀，形成均匀的米团。

二、米粉团

（一）米粉的类型和特点

制作米粉是调制米粉面团的第一道工序，米粉的加工方法一般有三种：干磨、湿磨和水磨，因此常用的米粉也就是三种米粉（表3-6）。

表 3-6　　　　　　　　　　　　　　　　米粉的类型

类型	加工方式	优点	缺点	品种举例
干磨粉	不经加水，直接磨制	含水量少，保管方便，不易变质	色泽较暗，粉质较粗，成品滑爽性差	元宵豆沙麻圆
湿磨粉	淘洗、加水浸泡、泡涨、去水磨制	粉质比干磨粉细软滑腻，制品口感也较软糯	含水量多，难以保存	蜂糕年糕
水磨粉	淘洗、冷水浸透、连水带米一起磨制	色泽洁白，粉质比湿磨粉更为细腻，制品柔软，口感滑润	含水量多，不易保存	水磨年糕水磨汤团

米粉的软、硬、糯程度，因米的品种不同差异很大，如糯米粉的黏性大、硬度低，成品口感黏糯，成熟后易坍塌；籼米粉黏性小、硬度大，成品吃口硬实。为了提高成品质量、扩大粉料的用途，便于操作，使成品软硬适中，需要把几种粉料掺和使用。因此，在调制米粉团时，常常将几种粉料按不同比例掺和成混合粉料。

（二）糕类粉团

糕类粉团是以糯米粉、粳米粉、籼米粉加水、糖（糖浆、糖液）或糖、油等拌和而成的粉团。一般多用湿磨粉或干磨粉制作，如猪油桂花糖年糕、白果松糕等。其特点是制品大多没有馅心，多为甜味，形状多为规则的几何体，如正方形、梅花形、长方形、菱形，口感松软或黏糯。根据制品的性质，糕类粉团一般可分为两类：松质粉团、黏质粉团。

1. 松质粉团

（1）松质粉团的性质和特点　松质粉团又称松质糕，简称松糕，采用先成形后成熟的工艺顺序调制而成的糕类粉团。它一般不经过揉制过程，韧性小，质地松软，遇水易溶，所以成品吃口松软、香甜、多孔、易消化。

松质粉团制品松质糕的特点是：大多为甜味或甜馅品种，如甜味无馅的松糕和淡味有馅的方糕等。松质粉团可根据口味不同分为白糕粉团（用清水拌和不加任何调味料调制而成的粉团）和糖糕粉团（用水、糖或糖浆拌和而成的粉团）；根据颜色不同分为本色糕粉团和有色糕粉团（如加入红曲粉调制而成的红色糕粉团）。如白松糕即为本色糕粉团制品。如定胜糕。

（2）松质粉团的调制。

① 操作流程：粳米粉、糯米粉→ 搅拌均匀 → 加入水、糖 → 搅拌均匀 → 静置 → 筛入模中 → 蒸制 → 成团

② 调制方法：根据制品要求将糯米粉、粳米粉按一定比例掺和后，加入辅料（如糖浆、糖汁）和水，拌和成松散的粉料静置一段时间，再筛入各模具中，蒸制成熟。或是装入蒸格内，成熟后用刀切成不同的形状装盘即可。

③ 操作关键

• 掌握好掺水量，粉拌得太干则无黏性，影响成形；粉拌得太潮湿，则黏糯而无空隙，易造成夹生现象。掺水量的多少应根据情况而定，一般干磨粉比湿磨粉多，粗粉比细粉多，用糖量多则掺水量相应减少。

• 掌握静置的时间，静置是将拌制好的糕粉放置一段时间，使粉粒能均匀、充分地吸收水分。静置时间的长短应根据粉质、季节和制品的不同而不同。

• 静置后的糕粉需过筛才可使用，静置后的糕粉不会均匀，若不过筛，粉粒粗细不匀，蒸制时间就不易成熟。过筛后糕粉粗细均匀，既容易成熟，又细腻柔软。

2. 黏质粉团

（1）黏质粉团的性质和特点　黏质粉团的调制过程与松质粉团大体相同，但制品采用先成熟后成形的方法来制作。其制品黏质糕一般具有韧性大、黏性足、入口软糯等特点，大多为甜馅和甜味品种，如各种糕团、南瓜蜜糕、薄荷水蜜糕、糖年糕等。

（2）黏质粉团的调制。

① 操作流程：粳米粉、糯米粉→ 掺和 →糖、水、辅料→ 拌粉 → 静置 → 上屉蒸制 → 揉制 → 成形

② 调制方法：根据制品的要求将糯米粉和粳米粉按一定比例掺和，加入糖、香料等，拌粉，静置一段时间后上屉蒸制成熟，立即将粉料放在案板上搅拌、揉搓至表面光滑不黏的粉团，即成黏质粉团，然后再进行成形。可将其取出后切成各式各样的块，或分块、搓条、下剂，用模具做成各种形状。

③ 操作关键

• 配料准确，加工方法得当，糕粉的静置时间应由粉质和季节来决定，一般冬季需静置

8~10h，春季需3~4h，夏季需1~2h。

• 准确判断成熟度，检验糕粉成熟度的方法为将筷子插入糕粉中取出，若筷子上粘有糕粉则表示还未熟透；若筷子上无糕粉，则表示已经成熟。蒸制糕粉时要逐渐加入，若一次加足，则糕粉不易熟透。

• 掌握揉制方法，糕粉成熟应趁热用力反复揉制，揉制时手上要抹凉开水或油，若发现有生粉粒或夹生粉应摘除。揉制时尽量少淋水，揉制面团表面光滑不黏手为止。

（三）团类粉团

团类粉团是将糯米粉、粳米粉按一定比例掺和后，采用一定的方法制成的米粉团。多为圆形或球形，口感黏糯，制品多为甜馅或咸馅，根据调制方法不同可分为生粉团和熟粉团两种。它具有质地硬实、黏性好、可塑性好、可包制多卤的馅，成品有皮薄、馅多、卤汁多、吃口黏糯润滑、黏实耐饥饿的特点，如油氽团子、双馅团子、擂沙团子等。

1. 生粉团

（1）生粉团的性质和特点　生粉团是主要用冷水与米粉调制的米粉面团，一般适用于先成形、后成熟的制品，如麻团、船点、汤圆等。调制时可采用泡心法和煮芡法两种形式。

（2）泡心法的调制

① 操作流程：糯米粉、粳米粉→ 拌粉 → 热水烫面 → 冷水和面 → 成团

② 调制方法：将米粉拌匀放入盆内，冲入少量的热水，利用热水的温度将部分米粉烫熟，使淀粉糊化产生黏性，再加入冷水将米粉揉制成光滑的粉团。

③ 操作关键：

• 掌握热水的用量，热水多，则粉团黏性大，成形时容易黏手；热水少，则粉团松散、无黏性，成形时易开裂。

• 掌握冷水的用量，冷水多，则粉团稀软，生坯易变形，成熟后制品易坍塌；冷水多，则粉团发硬、松散、粗糙，难于包捏，不易成形。

（3）煮芡法的调制

① 操作流程：米粉→ 冷水和面 → 成团 → 煮制 → 拌粉揉制 → 冷水调制 → 成团

② 调制方法：取米粉的1/3加冷水调制成粉团，压成饼状放入沸水锅中煮制，待煮至浮出水面后再改用小火煮3~5min取出，即成熟芡，将熟芡与剩余的米粉一起揉制，边揉边加入冷水，揉至粉团光滑、细腻、不黏手即可。

③ 操作关键：

• 煮芡时要热水下锅，否则容易沉底散烂。

• 熟芡要用量适当，用量多，则粉团黏手不易包捏成形；熟芡少，则成形时容易开裂。熟芡的用量还要根据季节灵活变化，夏秋季节天热容易脱芡，熟芡比例要稍大些，冬季天冷可少放些。

2. 熟粉团

熟粉团的制作工艺与黏质粉团相同，制品特点软糯、有黏性。将糯米粉和粳米粉按比例混合拌匀，加入适量的冷水和成团，上屉蒸熟后放在案板上，反复揉匀揉透至光滑有韧性即成熟粉团，可制作米饺、双酿团、擂沙团子等。

（四）发酵粉团

1. 发酵粉团的性质和特点

发酵粉团仅限于籼米粉，且一般多用水磨粉来制作。根据米粉发酵的特点，需调制成米浆进行发酵。其特点是制品松软可口，在广式面点中使用最多，如棉花糕、伦教糕等。

2. 发酵粉团的调制

（1）操作流程　米粉（10%～20%）、水→ 煮芡 → 晾凉 → 和面（米粉80%～90%、糕肥、水）→ 调面（糖、枧水、泡打粉）→ 醒发 → 调面 → 成团

根据米粉发酵的特点，需调制成米浆进行发酵。由于常温下淀粉吸水少，在水中容易沉淀，因此磨粉时可加入适量的籼米饭，或者调浆时以适量的米浆熬成煮芡再加入料浆中。也有的做法是将砂糖熬成糖水，趁热徐徐冲入料浆中。这些做法都是利用煮芡中淀粉糊化产生的黏性来阻止米浆中生淀粉粒因不溶于冷水而沉淀，有利于发酵良好进行。

（2）调制方法　将籼米粉浆的1%～20%加适量水调成稀糊，放入热水锅中煮熟，晾凉后与剩余部分的籼米粉浆拌匀，再加入糕肥、水调拌成均匀的面团，并放于温暖处发酵。通常夏季为6～8h，春秋季为8～10h，冬季为10～12h。待发酵后再加入绵白糖、枧水（或小苏打）和泡打粉一起调拌均匀即成。

（3）操作关键。

① 糕肥用量应随气温变化来调整，夏季减少（最多减少一半），冬季应增加，必须灵活掌握，同时要掌握发酵时间。

② 加枧水的目的是酸碱中和，去除酸味，所以要掌握好枧水的用量。

③ 注意影响发酵的因素，发酵时应加盖，要确保发酵的环境温度，若用面粉的老面作酵种，使用前应调散稀浆后再用，并控制加碱量。

④ 掌握好熟芡的用量，其作用是利用熟芡中淀粉糊化产生的黏性，阻止米浆中淀粉因不溶于冷水而产生沉淀。

第五节　其他面团调制

其他面团主要包括澄粉面团、杂粮面团、果蔬面团、鱼虾蓉面团。

一、澄粉面团

1. 澄粉面团的概念

澄粉面团是指澄粉加入适量的沸水调制而形成的面团。其成团原理是利用淀粉受热大量吸水发生糊化反应，使粉粒黏结而形成面团。澄粉面团色泽洁白，具有良好的可塑性，适合制作各类精细的造型点心。其成品晶莹剔透，呈半透明或透明状，光滑细腻，口感软糯嫩滑，能给食客带来难忘的视觉效果和口感体验。

2. 澄粉面团调制的技术要领

（1）控制好澄粉和生粉的比例　只有澄粉和生粉比例恰当，才能使面团既有较好的可塑性，又有一定的韧性，便于成形。

（2）把握好水温和水量　调制澄粉面团时一定要用沸水，让澄粉充分发生糊化，使面团黏性好。同时要控制好加水量，让澄粉充分吸水发生糊化反应达到全熟效果。

（3）要趁热充分揉面　调制澄粉面团时一定要趁热将面团揉匀揉透，防止面团出现白色斑点。面团要光滑细腻，要柔软，便于成形。

（4）面团中要加入猪油　调制澄粉面团时加入猪油会使面团更加光滑细腻，制品成熟后光泽度更好，口感更加柔嫩。

二、杂粮面团

1. 杂粮面团的概念

杂粮面团是指将玉米、高粱、豆类等杂粮磨成粉或蒸煮成熟加工成泥蓉调制而成的面团。杂粮面团的制作工艺较为复杂，使用前一般要经过初步加工。有的在调制时要掺入适量的米粉来增加面团的黏性、延伸性和可塑性，有的需要去除老的皮筋蒸煮熟压成泥蓉，再掺入其他材料做成面团，有的可以单独使用直接做成面团。

2. 杂粮面团的营养价值

杂粮面团所用的原料除富含淀粉和蛋白质外，还含有丰富的维生素、矿物质及一些微量元素，因此这类面团营养素的含量比面粉、米粉面团的更为丰富。而且根据营养互补的原则，这类面团的营养价值也可大大提高。

3. 杂粮面团的种类

杂粮面团的种类比较多，常见的面团有以下三大类：谷类杂粮面团、薯类杂粮面团和豆类杂粮面团。

（1）谷类杂粮面团　指将玉米、小米、高粱、荞麦等磨成粉后，加入一定的辅料（如面粉、米粉或豆粉等）掺和调制而成的面团。其色彩多样、营养丰富、风味独特，多用于地方风味面点、小吃的制作，如黄米面炸糕、荞麦面煎饼、高粱面馒头、玉米饼等。

（2）薯类杂粮面团　指用马铃薯、红薯、山药、南瓜、芋头等加工成粉或蓉泥，配以其他辅助材料再经调制而成的面团。薯类含有丰富的淀粉和大量的水，成团时需先将原料洗净去皮，放入蒸屉中蒸熟后趁热制成蓉泥，再掺入适量的面粉或米粉、澄粉等配料调制而成。此类面团松散带黏、软滑细腻，其成品软糯适宜，口感细腻柔软、口味清香甘美，有浓郁的乡土味。如山药饼、南瓜包、芋头糕、苕饼、薯蓉卷等。

（3）豆类杂粮面团　指将各种豆类（绿豆、赤豆、豌豆、扁豆、芸豆等）加工成粉或泥，或单独调制，或与其他原料一同调制而成的面团。其制作方法有两种：一种是将豆煮至软烂，趁热去皮，擦制成泥，再制成各种糕和冻，如赤豆糕、豌豆黄等；另一种方法是将豆类晒干磨成粉，掺入米粉、糖、油等辅料，再制成各种糕类，如绿豆糕、芸豆糕等。此类制品口味香甜，有豆泥的沙性，风味独特。

调制杂粮面团时须注意：第一，原料必须经过精选，并加工处理；第二，调制时，需根据杂粮的性质，灵活掺入面粉、澄粉等辅助原料，控制面团的黏度、软硬度，以便于操作；第三，杂粮制品必须突出它们的特殊风味；第四，杂粮制品以突出原料的时令性为宜。

4. 部分杂粮面坯制作

杂粮面坯是指以稻米、小麦以外的粮食作物为主要原料，添加其他辅助原料后调制的面坯。如玉米面坯、莜麦面坯、高粱面坯、荞麦面坯等。中式面点工艺中杂粮制品大多具有明显的地方风味，如晋式面点的莜面栲栳栳、京式面点的小窝头、秦式面点的荞麦鱼等。

（1）玉米面坯制作　玉米粒磨成粉称为玉米面、棒子面。玉米面与水调制的面坯称为玉米面坯。玉米面有粗细之别，其粉质不论粗细，性质随玉米品种不同而有所差异。多数玉米面韧性差，松散而发硬，不易吸潮变软。糯性玉米面有一定的黏性和韧性，质地较软，吸水较慢，和面时需用力揉搓。

① 玉米面坯调制方法：将玉米面倒入盆中，根据品种不同，分几次加入适量的热水、温水或凉水，静置一段时间使其充分吸水，再经成形、熟制工艺即成。用热水或温水和面后静置，有利于增加黏性且便于成熟。普通玉米面可制作小窝头、菜团子、贴饼子、丝糕等，而新型原料黏玉米磨粉制成面坯还可做花色蒸饺和水饺等品种。

②玉米面坯调制要领：

• 分次加水：玉米面吸水较多且较慢，和面时，水应分次加入面中，且留有足够的醒面时间。

• 增加馅心黏稠性：普通玉米面没有韧性和延伸性，因而在制作带馅的玉米面品种时，应该尽可能增加馅心的黏稠性，使成品更抱团、不散碎。

• 适时使用小苏打：用棒子糁煮粥焖饭或用玉米面制作面食时，可以适当使用小苏打，以提高人体对烟酸的吸收率，并增加黏稠度。

（2）莜麦面坯制作　莜麦面与沸水调制的面坯称为莜麦面坯。莜麦面品种的熟制可蒸、可煮，成品一般具有爽滑、筋道的特点。食用莜麦面时，讲究冬蘸羊肉卤、夏调盐菜汤（素卤）。莜麦面还可用作糕点的辅料。

①莜麦面坯调制方法：将莜麦面倒入盆内，用沸水冲入面盆中，边冲边用面杖将其搅和均匀成团，再放在案子上搓擦成光滑滋润的面坯。烫熟的莜麦面坯，有一定的可塑性和黏性，但韧性和延伸性差。莜麦面可做莜面卷、莜面猫耳朵、莜面鱼等。

②莜麦面坯制作要领：莜麦加工必须经过"三熟"，否则成品不易消化，易引起腹痛或腹泻。

• 炒熟：在加工莜麦面粉时，需先把莜麦用清水淘洗干净，晾干水分后再下锅煸炒，炒至两成熟出锅。

• 烫熟：和面时，将莜麦面置于盆内，一边加入开水一边搅拌，用手将其揉搋均匀，再根据需要成形。

• 蒸熟：将成形的莜面生坯置于蒸笼内蒸熟，以能够闻到莜面香味为准。

（3）高粱面坯制作　高粱呈颗粒状，所以，又被称为高粱米，高粱米磨成粉即为高粱面。高粱面色泽发红，因而又被称为红面。高粱面韧性较差，松散且发硬，做面食时，一般与面粉混合使用。

• 高粱面坯调制方法：高粱米浸泡在凉水中30min，将水倒掉，再加水焖饭、煮粥即可。高粱面一般与面粉按比例混合倒入盆内，用温水分几次倒入盆中，将面和成面坯，揉匀揉光滑，盖上一块湿布，静置10min。高粱面坯可做红面窝窝、红面擦尖、驴打滚、红面剔尖和高粱面饼等。

• 高粱面坯制作要领：由于高粱米（特别是表皮）中含有一种酸性的涩味物质——单宁，所以，高粱米、高粱面制品常常口感发涩。去除涩味的方法一般有物理法（将高粱米浸泡在热水中，可溶解部分单宁，倒掉水后涩味脱出。所以用高粱米焖饭、煮粥，一定要先用热水浸泡。）和化学法（在高粱面中加入小苏打，酸碱中和后可去除涩味。所以，做高粱面制品时，一般需要放小苏打。）两种。

（4）荞麦面坯制作　荞麦面坯是以荞麦面（多为甜荞或苦荞）为原料，掺入辅助原料制成的面坯。由于荞麦面无弹性、韧性、延伸性，一般要配合面粉一起使用。荞麦面坯制作的点心，成品色泽较暗，具有荞麦特有的味道。

①荞麦面坯调制方法：将荞麦面与面粉混合，与其他辅助原料（水、糖、油、蛋、乳等）和成面坯即可。品种有苦荞饼等。

②荞麦面坯制作要领：根据产品特点适当添加可可粉、吉士粉等增香原料，有利于改善产品颜色，增加香气。荞麦面粉几乎不含面筋蛋白质，凡制作生化膨松面坯，需要与面粉配合使用。面粉与荞麦面的比例以7∶3为最佳。

三、果蔬面团

当今餐饮市场中用果蔬类面团制作的小吃很多，它们别具特色，风格各异，越来越受食客的喜爱。这类制品富含各种维生素、果酸和微量元素，营养丰富，能给食客带来难忘的体验。调制果蔬类面团时一般要先将水果或蔬菜加工成小颗粒、细丝或蒸熟捣成泥蓉状，再加入一定的辅助原料，如澄粉面团、熟面粉、糯米粉或烫面团等，以调节面团的成团性，增加面团黏性和可塑性，便于造型。果蔬类面点制品软糯适宜、滋味甜美、滑爽可口、营养丰富，并具有浓厚的果蔬清香味，深受食客们青睐。本项目以南瓜饼为例，介绍果蔬类面团的调制方法及操作要领。

四、鱼虾蓉面团

鱼虾蓉面团在广式面点中应用较为广泛，主要用净鱼肉或净虾肉斩碎后与其他调料、辅料一起调制而成。具体做法是将净鱼肉或净虾肉切碎、剁蓉，装入盆内，加盐和水顺一个方向用力搅打成具有黏性的团状，再加入其他调料、辅料调制成面团。鱼虾蓉面团洁白纯滑，成品鲜香爽滑，具有特殊风味，广式面点中此类制品最优。

第 **4** 章

馅心制作

◎ 学习目标

1. 了解馅心的概念和分类。
2. 了解馅心原料加工。
3. 掌握馅心调制。
4. 掌握上馅方法。

第一节　馅心的概念和分类

一、馅心的概念

馅心是指将各种制馅原料，经过精细加工、调和、拌制或熟制后包入米面等坯皮内的"心子"，又称馅子。

二、馅心的分类

馅心种类很多，花色不一。馅心主要是从原料、口味、制作方法3个方面进行分类的。

1. 按原料分类

按原料分类，可分为荤馅和素馅两大类。

（1）荤馅　是指以畜禽肉或水产品等为原料制成的馅心。

（2）素馅　是指以新鲜蔬菜、干菜、豆类及豆制品为原料制成的馅心。

2. 按口味分类

按口味分类，可分为甜馅、咸馅和甜咸馅三类。

（1）甜馅　甜馅是指以糖、油、豆类、果仁、干果、蜜饯为原料制成的馅心，以甜香味为主体口味。

（2）咸馅　咸馅是指以咸鲜味为主体口味的馅心。

（3）甜咸馅　甜咸馅是指既有甜味又有咸味的馅心。

3. 按制作方法分类

按制作方法可分为生馅、熟馅两种。

（1）生馅　是指将原料经初加工处理后不经加热成熟，而直接调味拌制而成的馅心。

（2）熟馅　是指将原料经加工处理后，再进行烹炒、调味使馅料成熟的馅心。

<h1 style="text-align:center">第二节　馅心原料加工</h1>

一、馅心原料初加工基本方法

馅心原料初加工的基本方法有择洗、去皮、去壳和去核等。

1. 择洗

择洗是指将新鲜蔬菜去根蒂，去黄叶、烂叶、老叶，去泥沙并用水清洗的操作过程。洗蔬菜时要用水浸泡2min左右，把蔬菜叶子中夹的泥沙泡出来，然后再用清水洗净。

2. 去皮

去皮是指将茄果类、根茎类蔬菜削去外皮的操作过程。如用冬瓜、南瓜、莲藕原料等制作馅心前，需要用削皮刀或菜刀去皮。原料去皮时一定要去干净，否则，调制出的馅心会有硬颗粒。

3. 去壳

去壳是指将有表面硬壳的干鲜果去掉外壳的操作过程。如花生、瓜子、松子等在使用其制馅前要先去掉表面硬壳。需要注意的是，去外壳时尽量不要把外壳破得太碎，否则，调制馅心时，容易使馅心中残留细碎外壳，影响馅心质量。

4. 去核

去核指将有仁核的原料剔去内核的工艺过程，主要用于各类干鲜果类原料的制馅加工。鲜果去核时直接用刀切开去核，而干果要先去壳后才能去核。

此外，有些原料需要去掉不良味道的部分，如以莲子做馅要用牙签去掉莲子的苦心，以大虾做馅需要用牙签挑去虾线；否则，制成的馅心会出现不良口味。

二、馅心原料加工的基本刀法

馅心原料加工的基本刀法有切、剁、擦、绞等。

1. 切

切是指刀刃距离原料0.5～1cm时，运用手腕的力量向下割离原料，使其成为较小形状的刀法。切法适于对体态细长蔬菜的细碎加工，如韭菜、茴香、香菜、豇豆、芹菜等，同时，也适合于将原料加工成丁、丝、小块状，如豆腐干丁、葱丝、姜丝等。

2. 剁

剁是指刀刃距离原料5cm以上，运用小臂的力量垂直用力迅速击断原料，使其成为细碎形状的刀法。面点制馅工艺中，先切后剁是较为常用的刀法，适合于对叶片大、茎叶厚蔬菜的加工，如大白菜、圆白菜、莴苣、竹笋等，同时，也适合于将原料加工成末、蓉、泥状，如虾泥等。

3. 擦

擦是指利用擦丝工具，将原料紧贴礤床儿并做平面摩擦，使其成为细丝形状的刀法。擦法往往与剁结合，先擦后剁使原料细碎，适合于对根茎类、茄果类原料的细碎加工，如南瓜、西葫芦、莲藕、萝卜、马铃薯等。

4. 绞

绞是指借助绞肉机的功能，将原料粉碎成细小颗粒、泥蓉、浆状物的方法。如各类肉馅的初步加工、果蔬菜汁的加工、干果原料的粉碎等。

三、生馅原料的水分控制

焯水是指将原料放入沸水锅中烫制的工艺过程。焯水可使蔬菜颜色更鲜艳，质地更脆嫩；焯水可减轻蔬菜的涩、苦、辣味和动物原料的血污腥膻等异味；焯水还可以调节原料的成熟时间，便于原料进一步加工，所以，对原料的色、香、味起关键作用。

1. 焯水的方法

面点制馅工艺中，需要焯水的原料种类较多，形状各异，有些原料可洗净后直接焯水，再粉碎，如菠菜、油菜、小白菜等；有些原料需要初步加工成形后再焯水，如萝卜、芹菜、竹笋等。其基本焯水方法是水锅上火烧开，在开水锅中放少量食盐，将初加工好的原料放入锅中稍烫，待原料纤维组织变软，用笊篱将原料迅速捞出。将烫过的原料立即放入冷水盆中冷却。待冷却后，将原料从冷水盆中捞出，放在筛子上控净水分。

2. 焯水注意事项

（1）开水下锅，及时翻动　将锅内的水烧至滚开再将原料下锅，且要及时翻动，适时出锅；否则，不能保证原料的色、脆、嫩。

（2）掌握火候，适当加盐　要根据原料形状掌握加热时间，焯绿叶蔬菜，水中要适量加盐，这样可以保持菜的嫩绿颜色。

（3）及时换水，分别焯水　焯特殊气味的原料，要及时换水，防止"串味"；形状不同的原料，要分别焯水，不能"一锅煮"，防止生熟混乱。

（4）冷水过凉，控干水分　蔬菜类原料在焯水后应立即投入凉水中，然后控干水分，以免因余热而使之变黄、熟烂。

3. 脱水

脱水是指通过盐或糖的渗透压作用，使新鲜蔬菜中多余的水分外溢，挤掉水分的过程，作用是减少新鲜蔬菜的含水量，便于包馅成形。

（1）脱水的方法　将新鲜蔬菜切成细丝或碎粒，在细碎原料中撒盐，然后揉搓。用纱布把原料中渗透出的水分挤压干净。

（2）脱水注意事项　蔬菜脱水尽量在短时间内完成，如果时间久了会影响其品质及其营养成分。如果制作咸馅成品，脱水时可加少量食盐；如果制作甜馅成品，脱水时，可加少量白糖。

4. 打水

打水是指通过搅拌在肉馅中逐渐加入水分的工艺过程。其目的是使肉馅黏性更足，质感更松嫩。

（1）打水的方法　将肉馅放入盆中，在肉中放入食盐，搅拌均匀。将少量水放入肉中，沿着一个方向不断搅拌，直至黏稠。再次放水，搅拌至黏稠，反复多次。

（2）打水注意事项。

① 根据肉的特点确定加水量。肉的种类不同、部位不同，其持水性不同，因而打入水量也不相同。牛肉、羊肉、猪肉、鸡肉的持水性依次降低，打水量也依次降低。

② 分次加水，每次少加。肉质吸水有一个过程，水要分次逐渐加入且每次加水量要少。

③ 打水要始终沿着一个方向搅拌，不能无规则地顺逆混搅，否则，馅心会出现澥汤脱水现象，影响包捏成形。

④ 在夏季，搅好的肉馅放入冰箱适当冷藏为好。

第三节　馅心调制

一、生成馅的调制

（一）生荤馅

生荤馅是用畜、禽、水产品等鲜活原料经刀工处理后，再经调味、加水（或掺冻）拌制而成。其特点是馅心松嫩，口味鲜香，卤多不腻。

1. 选料加工

生荤馅的选料，首先应考虑原料的种类和部位，因不同种类的原料其性质不同，而同一种类不同部位的原料其特点不同。多种原料配合制馅，要善于结合原料性质合理搭配。

对于肉馅加工，首先要选合适的部位或肥瘦肉比例搭配合适，然后剔除筋皮，再切剁成细小的肉粒。在剁馅时淋一些花椒水，可去膻除腥，增加馅心鲜美味道。

2. 调味

调味是为了使馅心达到咸淡适宜、口味鲜美的目的而采用的一种技术手段。调制生荤馅的调味品主要有葱、姜、盐、酱油、味精、香油，其次有花椒、大料、料酒、白糖等。调馅时应根据所制品种及其馅心的特点和要求择优选用，要达到咸淡适宜、突出鲜香。不能随意乱用，避免出现怪味、异味。

（1）调猪肉馅应先放调料、酱油，搅匀后依具体情况逐步加水，加水之后再依次加盐、味精、葱花、香油。因猪肉的质地比较嫩，脂肪、水分含量较多，如果在加水之后再调味，则不易入味。

（2）调羊肉、牛肉馅则相反，因羊肉、牛肉的纤维粗硬，结缔组织较多，脂肪和水分的含量较少，所以，调馅时必须先加进部分水，搅打至肉质较为松嫩、有黏性时，再加姜、椒、酱油等调料，搅匀后，依具体情况再适当酌加水分，然后加盐搅上劲，最后加味精、葱花、香油等。

调制肉馅必须是在打水之后加盐，如果过早加盐，会因盐的渗透压作用使肉中的蛋白质变性、凝固而不利于水分的吸收和调料的渗透，并会使肉馅口感艮硬、柴老。

3. 加水或掺冻

（1）加水　加水是解决肉馅油脂重、黏性足使其达到松嫩目的的一个办法。具体的加水量首先应考虑制品的特点要求，然后根据肉的种类、部位、肥瘦、老嫩等情况灵活掌握。

加水时应注意以下几点：第一，视肉的种类质地不同，灵活掌握调味和加水的先后顺序。第二，加水时，一次少加，要分多次加入，每次加水后要搅黏、搅上劲再进行下一次加水，防止出现肉水分离的现象。第三，搅拌时要顺着一个方向用力搅打，不得顺逆混用，防止肉馅脱水。第四，在夏季，调好的肉馅放入冰箱适当冷藏为好。

（2）掺冻　掺冻是为了增加馅心的卤汁，而在包捏时仍保持稠厚状态，便于成形操作的一种方法。冻有皮冻和粉冻之分。

① 皮冻是用猪肉皮熬制而成。在熬冻时只用清水，不加其他原料，属于一般皮冻；熬好后将肉皮捞出，只用汤汁制成的冻称水晶冻；如果用猪骨、母鸡或干贝等原料制成的鲜汤再熬成的皮冻属上好皮冻。此外，皮冻还有硬冻和软冻之分，其制法相同，只是所加汤水量不同。硬冻加水量为1∶（1.5～2），软冻加水量为1∶（2.5～3）。硬冻多在夏季使用，软冻多在冬季使用。多数的卤馅和半卤馅品种都在馅心中掺入不同比例的皮冻，尤其是南方的各

式汤包，皮冻是其馅心的主要原料。

② 粉冻是将水淀粉上火熬搅成冻状，晾凉后掺入馅心中，其目的除使馅心口感松嫩外，同时，还为了在成形时利用馅心的黏性粘住隆起的皮褶，如内蒙古的羊肉烧卖就是如此。

馅料内的掺冻量应根据制品的特点而定，纯卤馅品种其馅心是以皮冻为主，半卤馅品种则要依皮料的性质和冻的软硬而定，如水调面皮坯组织紧密，掺冻量可略多；嫩酵面皮坯次之；大酵面皮坯较少。

（二）生素馅

生素馅多选用新鲜蔬菜作为主料，经加工、调味、拌制后成馅心，具有鲜嫩、清香、爽口的特点。

1. 选料择洗

根据所制面点馅心的特点要求，选择适宜的蔬菜，去根、皮或黄叶、老边后清洗干净。

2. 刀工处理

馅心的刀工处理方法有切、先切后剁、擦和擦剁结合、剁菜机加工等方法。应根据制品的要求和蔬菜的性质选择适合的刀工处理方法，以细小为好。

3. 去水分和异质

新鲜蔬菜中含水分较多，不能直接使用，必须在调味拌制前去除多余的水分。通常使用的方法有两种：一是在切剁时或切剁后在蔬菜中撒入适量食盐，利用盐的渗透压作用，促使蔬菜水分外溢，然后挤掉水分；二是利用加热的方法使之脱水，即开水焯烫后再挤掉水分。

此外，由于在莲藕、茄子、马铃薯、芋芳等蔬菜中含有单宁，加工时在有氧的环境中与铁器接触即发生褐变；在青萝卜、小白菜、油菜等蔬菜中均带有异味，这些异质在盐渍或焯水的过程中都可有效去除。

4. 调味

去掉水分的蔬菜馅料较干散，无黏性，缺油脂，不利于包捏，因此，在调味时应选用一些具有黏性的调味品和配料，例如大油、鸡蛋等，这样不仅增强了馅料的黏性，还改善了馅心口味，同时也提高了素馅的营养价值。投放调味品时，应根据其性质按顺序依次加入，例如，先加姜、椒等调料，再加大油、黄酱，然后加盐，这样既可入味，又可防止馅料中的水分进一步外溢。香油、味精等最后投入，可避免或减少鲜香味的挥发和损失。

5. 拌和

馅料调味后拌和要均匀,但拌制时间不宜过长,以防馅料"塌架"出水。拌好的馅心也不宜放置时间过长,最好是随用随拌。

(三)生荤素馅

生荤素馅是中式面点工艺中最常用的一类咸馅。几乎所有可食的畜禽类、蔬菜类原料均可相互搭配制作此类咸馅,其特点是口味协调、质感鲜嫩、香醇爽口。

1. 调制荤馅

选择合适的动物性原料经刀工处理后,按照生荤馅的操作要求调制成馅。

2. 加工蔬菜

将蔬菜择洗干净后,不需要去水分的(如韭菜、茴香等)可直接切细碎,需要去水分的,可在切剁时撒一些精盐,剁细碎后再用纱布包起来挤去水分。

3. 拌和成馅

将加工好的蔬菜末放入调好口味的荤馅内搅拌均匀即成。

二、甜馅的调制

(一)糖油馅

糖油馅是以白糖或红糖为主料,通过掺粉、加油脂和调配料制成的一类甜馅。糖油馅具有配料相对单一,成本低廉,制作简单,使用方便,风味丰富的特点。因此,糖油馅是制作点心较为常用的一类甜馅。如玫瑰白糖馅、桂花白糖馅、水晶馅等。

1. 选料

食糖中的绵白糖和细砂糖以及红糖、赤砂糖均可作为糖油馅的主料,但要依据不同制品的具体特点选择使用。粉料则选麦粉、米粉均可。麦粉多选择低筋粉,而米粉以籼米、粳米粉为好。油脂的使用也较为普遍,动物油中的猪板油、熟大油,植物油中的芝麻油、胡麻油、豆油等都可依糖馅的特点或地方风味来选用。糖油馅的种类都是根据所加的调配料不同而形成,因此,制作糖油馅的调配料多选用具有特殊香味的原料,如麻仁、玫瑰酱、桂花酱及不同味型的香精、香料等。

2. 加工

存放过久的食糖品质坚硬，需擀细碎。麦粉、米粉需烤或蒸熟过罗，但要注意不可上色或湿、黏。拌制糖油馅的油脂无须加热，多使用凉油，猪板油则需撕去脂皮，切成筷头丁。如果使用麻仁制馅，必须炒熟并略擀碎，香味才能溢出。

3. 配料

糖油馅是以糖、粉、油为基础，其糖、粉、油的比例通常为5：3：2。但有时因品种特点不同或地方食俗不同，其比例也有差异。拌制不同类型的糖馅所加的各种调配料适可而止，如玫瑰酱、桂花酱以及各种香精其香味浓郁，多放会适得其反。

4. 拌和

将糖、粉拌和均匀后开窝，中间放油脂及调味料，搅匀后搓擦均匀，如糖馅干燥可适当打些水。

（二）果仁蜜饯馅

果仁蜜饯馅是用各种干果仁、蜜饯、果脯等原料经加工后与白糖拌和而成的一类甜馅，具有松爽甘甜，并带有不同果料的浓郁香味的特点。

1. 选料

果仁的种类较多，常用的有核桃、花生、松子、榛子、瓜子、芝麻、杏仁以及腰果、夏果等。多数果仁都含有较多脂肪，易受温度和湿度的影响而变质，所以，制馅时要选择新鲜、饱满、色亮、味正的果仁。蜜饯与果脯的品种也很多，通常蜜饯的糖浓度高，黏性大，果脯相对较为干爽，但存放过久会结晶、返砂或干缩坚硬，所以，使用时要选择新鲜、色亮、柔软、味纯的蜜饯果脯。

2. 加工

果仁需要经过去皮、制熟、破碎等加工过程，具体的加工方法因原料的不同特点而有所不同。如花生仁、松仁等，要先经烘烤或炸熟后再搓去外皮；而桃仁、杏仁等则需要先清洗浸泡，然后剥去外皮再烤或炸熟。较大的果仁还需要切或擀压成碎粒。较大的蜜饯果脯都需要切成碎粒，以便于使用。

3. 配料

因果仁、蜜饯、果脯的品种很多，配馅时，既可以用一种果仁或蜜饯、果脯配制馅心，如桃仁、松仁馅、红果、菠萝馅等；也可以用几种果仁、蜜饯、果脯分别配制出，如三仁、五仁馅，什锦果脯馅等；还可以将果仁、蜜饯、果脯同时用于一种馅心，即什锦全馅。配制果仁蜜饯馅以糖为主，除按比例配以果仁、蜜饯、果脯外，有时还需要配一定数量的熟面粉和油脂，具体的比例以及油脂的选择应视所制馅心使用果仁、蜜饯或果脯的多少和干湿度及其馅心的特点而定。

4. 拌和

将加工好的果仁、果脯、蜜饯与擀过的糖、过罗的熟粉以及适合的油脂拌和，搓擦到既不干也不湿，手抓能成团时方好。

第四节　上馅方法

上馅也称包馅、打馅等，是指在坯皮中间放上调好的馅心的过程。这是包馅品种制作时的一道必要的工序。上馅的好坏，会直接影响成品的包捏和成形质量。如上馅不好，就会出现馅的外流、馅的过偏、馅的穿底等缺点。所以，上馅也是重要的基本操作之一。根据品种不同，常用的上馅方法有包馅法、拢馅法、夹馅法、卷馅法、滚粘法等。

一、包馅法

包馅法是最常用的一种方法，用于包子、饺子等品种。但这些品种的成形方法并不相同，根据品种的特点，又可分为无缝、捏边、提褶、卷边等，因此，上馅的多少、部位、手法随所用方法不同而变化。

1. 无缝类

无缝类品种一般要将馅上在中间，包成圆形或椭圆形即可。关键是无缝类不要把馅上偏，馅心要居中。此类品种有豆沙包、水晶馒头、麻蓉包等。

2. 捏边类

捏边类品种馅心较大，上馅要稍偏一些，这样将皮折叠上去，才能使捏边类皮子边缘合拢捏紧，馅心正好在中间。此类品种有水饺、蒸饺等。

3. 提褶类

提褶类品种因提褶面呈圆形，所以馅心要放在皮子正中心。此类品种有小笼包子、狗不理包子等。

4. 卷边类

卷边类品种是将包馅后的皮子依边缘卷捏成形的一种方法，一般用两张皮，中间上馅，上下覆盖，依边缘卷捏。此类品种有盒子酥、鸳鸯酥等。

二、拢馅法

拢馅法是将馅放在皮子中间，然后将皮轻轻拢起，不封口，露一部分馅，如烧卖等。

三、夹馅法

夹馅法主要适用糕类制品，即一层粉料加上一层馅。要求上馅量适当，上均匀并抹平，可以夹上多层馅。对稀糊面的制品，则要蒸熟一层后上馅，再铺另一层。如豆沙凉糕等。

四、卷馅法

卷馅法是先将面剂擀成片状，然后将馅抹在面皮上（一般是细碎丁馅或软馅），再卷成筒形，做成制品，切块，露出馅心，如豆沙卷、如意卷等。

五、滚粘法

此种方法较特殊，即是把馅料搓成形，蘸上水，放入干粉中，用簸箕摇晃，使干粉均匀地粘在馅上，如橘羹圆子等。

第 **5** 章

水调面团类面点制作

◎ 学习目标

1. 掌握饺子类面点制作。
2. 掌握烧卖类面点制作。
3. 掌握饼类面点制作。
4. 掌握面条类面点制作。
5. 掌握其他类面点制作。

第一节　饺子类面点制作

一、月牙蒸饺

1. 原料配方（以 30 只计）

（1）坯料　中筋面粉300g，开水100mL，冷水50mL。

（2）生肉馅　猪肉泥300g，葱花15g，姜末5g，黄酒15mL，虾籽3g，酱油15mL，精盐5g，白糖15g，味精5g，冷水150mL。

（3）皮冻　鲜猪肉皮250g，鸡腿150g，猪骨250g，香葱25g，生姜15g，黄酒15mL，虾籽5g，精盐5g，味精5g，冷水1000mL。

2. 制作过程

（1）馅心调制　首先将鲜猪肉皮焯水，铲刮去毛、根和猪肥膘，反复三遍后，入锅，放入香葱、生姜、黄酒、虾籽以及焯过水的鸡腿、猪骨等，大火烧开，小火加热至肉皮一捏即碎，取出熟肉皮及鸡腿、猪骨等，肉皮入绞肉机绞三遍后返回原汤锅中再小火熬至黏稠，放入精盐、味精等调好味，过滤去渣，冷却成皮冻。其次，将猪肉泥加入葱花、姜末、虾籽、黄酒、酱油、精盐搅拌入味，搅拌上劲，然后分三次加入冷水，顺一个方向搅拌再次上劲，加入白糖、味精和匀成鲜肉馅，再拌入熬好的皮冻待用。

（2）面团调制　中筋面粉倒上案板，中间扒一小窝，倒入开水和成雪花面，再淋冷水和成温水面团，盖上湿布，醒制20min。

（3）生坯成形　将面团揉光搓成条，摘成30只小剂，撒上干粉，逐只按扁，用双饺杆擀成直径9cm、中间厚四周稍薄的圆皮。左手托皮，右手用馅挑刮入25g馅心成一条枣核形，将皮子分成四、六开，然后用左手大拇指弯起，用指关节顶住皮子的四成部位，以左手的食指顺长围住皮子的六成部位，以左手的中指放在拇指与食指的中间稍下点的部位，托住饺子生坯。再用右手的食指和拇指将六成皮子边捏出皱褶，贴向四成皮子的边沿，一般捏14个皱褶，最后捏合成月牙形生坯。

（4）生坯熟制　生坯上笼，置蒸锅上蒸8～10min，视成品鼓起不黏手即为成熟。

二、冠顶饺

1. 原料配方（以30只计）

（1）坯料　中筋面粉300g，温水150mL。

（2）馅料　猪肉泥150g，水发干贝25g，水发香菇25g，酱油15g，味精3g，白胡椒粉0.5g，精盐5g，骨头汤50g。

2. 制作过程

（1）馅心调制　将水发干贝洗净，去掉老筋，入笼用旺火蒸发，取出后晾凉撕碎。水发香菇洗净去蒂，切成末。将猪肉泥盛入碗内，加入碎干贝、香菇末、白胡椒粉、精盐、味精、酱油拌匀，再加入骨头汤拌匀上劲即成馅料。

（2）面团调制　将面粉过罗筛，放案板上，中间扒一小窝，加入温水150mL拌匀揉透。

（3）生坯成形　盖上湿布，醒制后搓成细条，摘成30个剂子。然后逐个剂子擀成直径约8cm的薄圆皮，按三等份对折成角，将皮子翻转，光的一面朝上，中间放入肉馅15g，将三个角同时向中间捏拢，然后用食指和拇指推出花边，将后面折起的面依然翻出。

（4）生坯熟制　将生坯排入蒸笼中，旺火蒸约10min即成。

三、四喜饺

1. 原料配方（以30只计）

（1）坯料　中筋面粉300g，开水100mL，冷水50mL。

（2）馅料　猪肉泥350g，葱花15g，姜末10g，黄酒15mL，虾籽3g，酱油15mL，精盐5g，白糖20g，味精3g，冷水100mL。

（3）饰料　熟木耳末50g，熟香肠末50g，鸡蛋末50g，熟青菜末50g。

2. 制作过程

（1）馅心调制　将鲜猪肉泥加入葱花、姜末、虾籽、黄酒、酱油、精盐搅拌入味，搅拌上劲，然后分三次加入冷水，顺一个方向搅拌再次上劲，加入白糖、味精和匀成鲜肉馅。

（2）面团调制　中筋面粉倒上案板，中间扒一小窝，用开水烫成雪花状，摊开后，再洒上冷水，揉和成团，盖上湿布，醒制15～20min。

（3）生坯成形　将面团揉光搓成条，摘成30只小剂，按扁擀成直径8cm的圆皮。将圆形坯皮中间放上馅心，沿边分成四等份向上、向中心捏拢，将中间结合点用水粘起，而边与边之间不要捏合，形成4个大孔。将两个孔洞相邻的两边靠中心处再用尖头筷子夹出1个小孔眼，共计夹出4个小孔眼，然后把4个大孔眼的角端捏出尖头来即成生坯。

（4）生坯熟制　将四喜饺子生坯上笼蒸8min即可成熟。

（5）点缀装饰　出笼后逐只在4个大孔眼中分别填入蛋白末、熟香肠末、蛋黄末、熟青菜末即成。

四、白菜饺

1. 原料配方（以 30 只计）

（1）坯料　中筋面粉300g，开水100mL，冷水50mL。

（2）馅料　猪肉泥300g，葱末15g，姜末15g，黄酒15mL，虾籽3g，精盐5g，酱油15mL，白糖25g，味精5g，冷水100mL。

2. 制作过程

（1）馅心调制　将猪肉泥加入葱末、姜末、虾籽、黄酒、酱油、精盐拌和入味，搅拌上劲，然后分三次加入冷水，顺一个方向搅拌再次上劲，加入白糖、味精和匀成鲜肉馅。

（2）面团调制　中筋面粉倒上案板，扒一个小窝，用开水烫成雪花状，摊开冷却后，再洒淋上冷水，揉和成团，盖上湿布，醒制15～20min。

（3）生坯成形　将面团揉光搓成条，摘成30只小剂，逐只按扁擀成直径8cm的圆皮。在圆形面皮中间放上馅心（馅心要硬一点），四周涂上水，将圆面皮按五等份向上向中间捏拢成5个眼，再将5个眼捏紧成5条边。每条边用手由里向外、由上向下逐条边推出波浪形花纹，把每条边的下端提上来，用水粘在邻近一片菜叶的边上，即成白菜饺生坯。

（4）生坯熟制　将生坯上笼蒸8min成熟即可。

五、猪肉煎饺

1. 原料配方（以 30 只计）

（1）皮面　中筋面粉250g，猪油25g，盐2g，沸水60g，冷水60g，色拉油、豆油各适量。

（2）馅心　猪肉馅500g，盐5g，味精15g，绵白

糖25g，香油20g，料酒40g，生粉20g，料酒4g，蚝油3g，胡椒粉1g，葱姜汁80g，韭菜150g，马蹄丁150g。

2. 制作过程

（1）面团调制　同上方法调制温水面团，盖上保鲜膜松弛1h待用。

（2）调制馅心　投料顺序为：肉馅→葱姜汁→味精→绵白糖→生粉→胡椒粉→蚝油→料酒→料酒→香油→盐→马蹄丁→韭菜。搅拌馅心的时候要求始终顺着同一个方向将馅心搅拌均匀。

（3）生坯成形　将松弛好的面团揪剂，每个10g，擀成圆皮，上馅，再推捏成弯梳状的饺子形，即为生坯。

（4）生坯熟制　将制作好的生坯摆入蒸屉中，注意要将蒸屉的表面刷一层色拉油，蒸制10min即熟。将电饼铛提前升温至200℃，底部淋稍多些的豆油，将蒸熟的蒸饺摆入电饼铛中，盖上盖子煎至金黄色，然后再翻面继续煎制，呈金黄色上色即可取出装盘。

3. 操作要点

（1）调制面团的软硬要适中，否则成熟时易变形。

（2）擀皮时皮面不可过厚，否则影响口感和美观度。

（3）成形要注意手法，确保每个产品大小一致、形状均一、美观。

（4）蒸制成熟的时间要掌握好，煎制成熟的温度和时间要控制好。

第二节　烧卖类面点制作

一、翡翠烧卖

1. 原料配方（以30只计）

（1）坯料　中筋面粉300g，开水100mL，冷水50mL。

（2）馅料　青菜叶500g，精盐2g，熟猪油50g，白糖75g，味精2g。

（3）饰料　熟火腿末35g。

2. 制作过程

（1）馅心调制　将青菜叶洗净，下开锅焯水，放入冷水中凉透，剁成细蓉状，再用布袋装起，挤干水分，先用精盐将菜泥腌渍一下去涩味，然后放白糖、味精拌匀，再加入熟猪油拌匀待用。

（2）面团调制　中筋面粉倒上案板，扒一个小窝，用开水烫成雪花状，摊开冷却后，再洒上冷水，揉和成团，醒制15min。

（3）生坯成形　将面团揉光搓成条，摘成30只小剂，逐只按扁后埋进于面粉里，擀成直径6cm的呈菊花边状的圆烧卖皮；然后左手把烧卖皮托于手心，右手用馅挑上入馅心然后左手窝起，把皮子四周同时向掌心收拢，使其成为一个下端圆鼓，上端细圆的石榴状生坯，用手在颈项处捏细一些，口部微张开一些，最后在开口处镶上熟火腿末。

（4）生坯熟制　将生坯放入笼中蒸4～5min即可出笼，装盘装饰。

二、糯米烧卖

1. 原料配方（以 30 只计）

（1）坯料　中筋面粉300g，温水150mL。

（2）馅料　糯米250g，熟猪肉150g，冬笋丁50g，水发香菇丁50g，熟猪油200g，酱油50mL，白糖15g，姜末15g，葱末10g，精盐3g，味精3g，骨头汤50mL。

2. 制作过程

（1）馅心调制　将糯米搓洗干净，放温水中浸泡1h后捞出，上笼锅蒸熟备用。熟猪肉切成小丁。炒锅上火，放入少量熟猪油烧热后，放葱末、姜末入锅炸一下，随后放入熟肉丁煸炒，待肉炒至变色时，放入冬笋丁、水发香菇丁、酱油、白糖，然后放入骨头汤抄拌，盛起加入精盐、味精即成熟馅心。

（2）面团调制　将面粉放在案板上，扒一个小窝，用温水150mL和成温水面团，稍醒制后摘成30只小剂，按扁成剂，用单饺杆或双饺杆擀成中间厚四周薄，边皮呈菊花瓣形状，直径8cm的圆形烧卖皮，逐张放好。

（3）生坯成形　左手托起坯皮，右手将馅心加入，然后用单手或者双手将烧卖皮四周向上同中间合拢，包拢成石榴状的生坯，立放于笼内即成糯米烧卖生坯。烧卖口要微张开。

（4）生坯熟制　全部包好后，立即装入笼中，置旺火上，蒸约10min，待表皮成熟，即可出笼。

三、虾仁烧卖

1. 原料配方（以30只计）

（1）坯料　中筋面粉300g，开水100mL，冷水50mL。

（2）馅料　猪肉泥300g，虾仁75g，葱末15g，姜末10g，黄酒15mL，酱油25mL，精盐5g，白糖15g，味精3g，淀粉10g，冷水50mL。

（3）饰料　上浆虾仁50g。

2. 制作过程

（1）馅心调制　将虾仁洗净，沥干水分，切丁；放入猪肉泥中，加上葱末、姜末、黄酒、酱油、精盐搅和入味，搅拌上劲；再分次加入冷水搅拌上劲，最后再加入味精、白糖等，拌和成馅。

（2）面团调制　中筋面粉倒上案板，扒一个小窝，用开水烫成雪花状，摊开冷却后，再洒淋上冷水，揉和成团，醒制15min。

（3）生坯成形　将面团揉光搓成条，摘成30只小剂，逐只按扁后埋进干面粉里，擀成直径6cm的呈菊花边状的圆烧卖皮；然后左手把烧卖皮托于手心，右手用馅挑上入馅心，将左手窝起，把皮子四周同时向掌心收拢，使其成为一个下端圆鼓，上端细圆的石榴状生坯一用手在颈项处捏细一些，口部微张开一些，最后在开口处镶上几颗上浆虾仁即成生坯。

（4）生坯熟制　将生坯放入笼中蒸8min即可出笼，装盘装饰。

第三节　饼类面点制作

一、家常葱油饼

1. 原料配方（以30只计）

（1）坯料　面粉800g，盐8g，糖10g，开水400mL，冷水160mL。

（2）馅料　植物油120mL，面粉240g，葱花15g，五香粉5g，盐5g。

2. 制作过程

（1）馅心调制　将植物油加热到120℃，倒入面粉等材料中搅拌成油酥馅心备用。

（2）面团调制　将面粉放在案板上，扒一个小窝，放入盐和糖，倒入开水用筷子搅拌成雪花状，再洒淋上冷水，揉匀揉光，和成面团，盖保鲜膜醒制30min。

（3）生坯成形　将醒发好的面团揉匀分成30份，取一份擀薄成圆形，在表面涂上油酥卷起，搓成长条，把长条卷成团状，收口处捏紧；用手按扁，擀成圆形的饼。

（4）生坯熟制　将生坯放入涂少许油的电饼铛中，烙熟成金黄色即可。

二、薄饼

1. 原料配方（以18只计）

（1）坯料　中筋面粉250g，开水100mL，冷水20mL。

（2）辅料　色拉油50mL。

2. 制作过程

（1）面团调制　将面粉放在案板上扒一个小窝，用开水烫成雪花状，冷却后淋上冷水，揉匀揉透成面团，醒制15min。

（2）生坯成形　将面团揉匀揉光，搓成长条，摘成18只剂子，横截面朝上，按扁后在一只面剂上抹上薄薄的一层油，将另一只剂子合上擀成10cm直径的圆皮，即成薄饼生坯。

（3）生坯熟制　将平底锅放小火上，抹油后放入薄饼生坯烙，待一面烙成呈芝麻状的焦斑时，再翻身烙另一面，两面都烙好后即可出锅。

食用时将一张薄饼揭开成为两张，叠成四层扇形，整齐排在盘中上席。一般不单独食用，常在宴席上用来夹食烤鸭片、烤乳猪片等。

三、葱香锅饼

1. 原料配方（以20块计）

（1）坯料　中筋面粉150g，鸡蛋2个，冷水250mL。

（2）馅料　熟香肠末300g，葱末150g，猪板油丁100g，味精3g。

（3）辅料　熟肥膘1块（25g），色拉油1L（实耗50mL）。

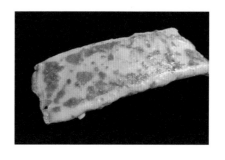

（4）调料　葱油15mL。

2. 制作过程

（1）馅心调制　将猪板油丁、葱末、熟香肠末、味精拌匀成葱油馅心。

（2）面团调制　将面粉放入盆内，加入蛋液、少量冷水调成厚糊，再分次加入冷水，用竹筷搅成薄面糊过滤备用。

（3）生坯成形　将炒锅洗净烘干，用熟肥膘擦下锅，倒入薄面糊摊成直径25cm的圆面皮，离火，将面皮翻身，放入葱油馅心，包起馅心，折叠成长方形，接头处用面糊粘好。

（4）生坯熟制　锅中放色拉油，加热至165℃左右，将饼炸至两面呈金黄色浮上油面时，即可出锅，捞起沥去油，放在案板上，用刀切成20块长方形块，放进盘内，淋上葱油，即可上桌食用。

四、清油盘丝饼

1. 原料配方（以30只计）

（1）坯料　面粉500g，食碱1g，冷水250mL，盐2g。

（2）馅料　豆沙馅250g，白糖50g。

2. 制作过程

（1）面团调制　面粉过筛倒入案板上开窝，中间倒入盐、食碱和冷水，从内向外逐渐将面粉调制成面团，揉匀揉透，醒制。

（2）馅心调制　将白糖、豆沙馅混合均匀，待用。

（3）生坯成形　将醒好的面团搓成条，搓长后对折，一手捏着两头交接，一手拉着弯折处再将其拉长，再拖上面粉，如此反复，如同拉面，直至把面抻至极细，细如银丝，达千余根，再盘成圆饼形，即成生坯。

（4）生坯熟制　将生坯放入花生油中半煎半烙使之成熟，放在盘中即成。

五、千层肉饼

1. 原料配方

（1）皮面　中筋粉500g，鸡蛋1个，盐5g，沸水100g，冷水适量。

（2）馅料

馅心1：猪后腿肉馅500g，酱油15g，花椒面4g，鸡粉10g，味精8g，姜末10g，料酒100g，蚝油15g，香

油10g，盐适量。

馅心2：小香葱（切末）120g。

（3）配料　豆油适量（成熟用）。

2．制作过程

（1）调制皮面　将面粉分出一半，用沸水烫匀，摊开散热冷却后，然后加入剩余的面粉和盐拌匀，扒窝，中间磕入鸡蛋，再分次加入水，利用抄拌法调制成软硬适中的温水面团，盖上保鲜膜松弛1h待用。

（2）调制馅心　投料顺序为：肉馅→酱油→花椒面→鸡粉→味精→姜末→料酒→蚝油→香油→盐。要求始终顺着同一个方向将馅心搅拌均匀。

（3）面团调制　将醒好的面团分成200g/个的面剂，整理成方形，放置松弛。

（4）生坯成形　成形案板上撒少许干面粉，取一个面剂，用平杖将面剂擀成方形的坯皮，在坯皮两侧对称地各切两刀，一共切四刀，刀口的长度约为坯皮边长的1/3，然后用扁匙在上面薄薄地抹上一层肉馅，再撒上一层香葱末，注意要将坯皮的边缘留出来，然后依次将饼一层层折叠起来并封口，最后呈方形生坯。然后用平杖轻轻将其擀成厚度约为1.2cm的方形大饼，此即为千层肉饼的生坯。

（5）生坯熟制　将饼铛升温至180℃，淋入少许豆油，将生坯摆入饼铛，表面再淋上少许豆油，盖上盖子烙制2~3min至底部呈金黄色，然后翻面继续烙制2~3min，至两面呈金黄色即熟。将大饼取出，用快刀将其切成小块即可装盘。

第四节　面条类面点制作

一、担担面

1．原料配方（以10份计）

（1）坯料　面粉500g，鸡蛋2个，冷水200mL。

（2）调配料　猪前夹肉300g，熟猪油35g，料酒15mL，甜面酱20g，酱油75mL，精盐2g，红油辣椒35g，芽菜50g，葱末30g，味精5g，香醋15mL，鲜汤750mL。

2. 制作过程

（1）浇头制作　将猪前夹肉洗净，切成米粒状。炒锅上火，下入熟猪油烧热，将肉粒煸炒，待肉粒松散后加入料酒、甜面酱、酱油、精盐炒至酥香即可。

（2）面条制作　将面粉过筛，放入盆中，加入冷水、蛋液拌和均匀，揉和成光滑的面团，醒制15min后，擀成薄片，切成0.3cm宽的面条。

（3）汤料调味　将芽菜洗净切末，与酱油、红油辣椒、葱末、味精、香醋、鲜汤一起分装于碗中即可。

（4）生坯熟制　将面条放入开水锅中煮熟，分装于已调味的面碗中，浇上浇头即可。

二、刀削面

1. 原料配方（以 10 份计）

（1）坯料　中筋面粉400g，冷水180mL，盐3g。

（2）汤料　番茄2个，雪菜500g，熟猪油50g，葱末15g，姜末10g，精盐5g，味精3g，冷水2000mL。

2. 制作过程

（1）面条制作　将面粉放在盆内，加水和盐，再揉匀揉光，揉成后大、前头小的圆柱形，醒制25min；左手托住和好的面块，右手持削面刀。从面块的里端开刀，第二刀接前部分刀口上端削出，逐刀上削，削成扁三棱形、宽厚相等的面条。

（2）面条熟制　直接削入开锅煮熟备用。

（3）汤料制作　将番茄切小块，雪菜切末；锅上火烧热，放入熟猪油加热，将葱末、姜末炸香，再放入雪菜炒匀，加入冷水2000mL烧开，放入番茄块煮开，加入精盐和味精调味，即成番茄雪菜卤。最后将汤料分装到碗中，将煮熟的面条放入即可。

三、牛肉拉面

1. 原料配方（以 10 碗计）

（1）坯料　中筋面粉450g，精盐5g，食碱水10mL，清油适量，温水300mL。

（2）汤料　熟酱牛肉100g，牛肉汤2000mL，白胡椒粉5g，青蒜花50g，味精10g。

2. 制作过程

（1）面团调制　将精盐用水化开，再将面粉放入盆内，倒入盐水分次加入温水（水温为35℃）和成雪花面，用食碱水将面摁匀，放在盆里用干净湿布盖好，醒制25min。

（2）生坯成形　取出和好的面，放在案板上拉成长条面坯，然后抓握住面的两端，上下抖动，并向两头抻拉，将面条沿顺时针方向缠绕；然后再抓握住面的两端，上下抖动，并向两头抻拉，将面条沿反时针方向缠绕，经过多次抻拉、缠绕，待面条顺筋并粗细均匀了，沾上食碱水再略溜几下，开始出条。

将溜好的面条放在案板上，洒上清油（以防止面条粘连），然后随食客的爱好，拉出大小粗细不同的面条，喜食圆面条的，可以选择粗、二细、三细、细、毛细5种款式；喜食扁面的，可以选择大宽、宽、韭叶3种款式；想吃出个棱角分明的，也可以拉一碗特别的"荞麦棱"。拉面是一手绝活，手握两端，两臂均匀用力加速向外抻拉，然后两头对折，两头同时放在一只手的指缝内（一般用左手），另一只手的中指朝下勾住另一端，手心上翻，使面条形成绞索状，同时两手往两边抻拉。面条拉长后，再把右手勾住　的一端套在左手指上，右手继续勾住另一端抻拉。抻拉时速度要快，用力要均匀，如此反复，每次对折称为一扣。一般二细均为7扣，细的则为9扣，毛细面可以达11扣，条细如丝，且不断裂。

（3）生坯熟制　将面拉好后，两手捏去面头，顺势把面条投入开水锅中，待水开锅后面条翻起第一滚时，用长竹筷将面条翻4~5次，立即用大漏勺捞出（整个煮面时间约1min），将捞出的面条放入冷水盆里，然后再用漏勺捞出放开水锅里过一下，分别盛入碗内，加汤料。

四、枫镇大面

1. 原料配方（以2碗计）

（1）坯料　生面条250g。

（2）汤料　鳝鱼150g，猪肋条肉100g，粗盐5g，葱15g，姜15g，黄酒15mL，茴香3g，花椒2g，味精3g，冷水800mL。

（3）调料　鲜酒酿10mL，凉开水25mL，葱末5g，熟猪油15g。

2. 制作过程

（1）汤料制作　锅内加冷水200mL、粗盐（1g），用旺火烧沸，迅速倒入鳝鱼，盖上锅盖，烧至鳝鱼张口，捞入凉水中。每条鳝鱼划出脊背一条、腹部一条，鳝鱼骨洗净备用。

将猪肋条焯水洗净，切成厚片，放入锅内，加上鳝鱼骨、鳝鱼、葱姜，把花椒、茴香装入布袋扎紧口放入，烧沸加入黄酒，上盖密封，用小火焖煮4h将肉取出，从汤中捞出料袋及葱、姜，澄清汤汁，放入味精调味。

另将鲜酒酿放入钵中，加入凉开水，放置发酵。当米粒浮起时再加入葱末拌匀，平均盛入碗中，同时每碗加入熟猪油和250mL汤料。

（2）生坯熟制　将生面条放入开锅中，用旺火煮熟，分装于汤碗内，加上肉块、鳝鱼即成。

五、开洋葱油面

1. 原料配方（以2碗计）

（1）坯料　细面条250g。

（2）汤料　开洋15g，香葱35g，花生油15mL，酱油15mL，白糖3g，黄酒5mL，味精3g，冷水50mL。

2. 制作过程

（1）汤料制作　将开洋用黄酒浸泡，香葱切成小段。炒锅内放入花生油，用旺火炒至150℃时，放葱段煎1min至葱稍黄时加开洋煸一下，见葱段已焦黄时再加酱油、黄酒、白糖、冷水，炒至水渐干时出锅。

（2）生坯熟制　面条开水下锅煮制，待沸后点水、稍养、捞出，装在盛有味精、酱油的碗里，再将葱油倒入面里，吃时将面拌匀即可。

六、岐山臊子面

1. 原料配方（以4碗计）

（1）坯料　面粉500g，碱水5mL，冷水200mL。

（2）汤料　猪肉350g，鸡蛋1个，水发木耳35g，水发黄花35g，豆腐100g，青蒜50g，湿淀粉15g，精盐5g，酱油15mL，姜末15g，葱末15g，辣椒油20mL，红醋250mL，细辣椒面30g，五香粉10g，味精5g，花生油300mL，肉汤1500mL。

2. 制作过程

（1）面团调制　面粉放案板上加碱水、冷水揉成面团，盖上湿布醒25min左右。

（2）生坯成形　将面团揉匀揉光，用面杖擀成1.6mm厚的薄片，切成3.3mm宽的细条。

（3）汤料制作　将水发木耳洗净切成小片，水发黄花洗净切成段，豆腐切成丁，青蒜洗净切成段，猪肉切成3.3mm厚、2cm见方的片，鸡蛋在碗里打散备用。

将炒锅内入150mL花生油，旺火烧热，加入肉片煸炒至七成熟，依次加入酱油、五香粉、葱末、姜末、精盐、红醋、细辣椒面调味，即成臊子。

锅内入150mL花生油烧热，下入豆腐、黄花、木耳稍炒，作为底菜。将蛋液摊成皮切成象眼块，和切成段的青蒜一起作为"漂菜"。锅内入肉汤烧开，加入余下的精盐、红醋、味精、辣椒油，用湿淀粉勾薄芡，即成酸汤。

（4）生坯熟制　开锅内入水烧开，下入切好的细面煮熟，浸入凉开水中划散，分装入放有底菜的碗中，放上肉臊子，浇上酸汤，最后放上"漂菜"即可。

七、武汉热干面

1. 原料配方（以4碗计）

（1）坯料　面粉500g，碱水10mL，冷水225mL。

（2）调料　叉烧肉50g，虾米15g，大头菜25g，芝麻酱50g，芝麻油100mL，味精5g，辣椒粉15g，葱末25g。

2. 制作过程

（1）调料制作　将芝麻酱放入钵内，加少许芝麻油调匀；辣椒粉入钵，淋入烧热的芝麻油拌匀成辣椒油；将大头菜、叉烧肉、虾米分别切成小米粒状备用。

（2）面团调制　将面粉倒入面盆内，加碱水、冷水，和匀上劲，揉成面团，醒制25min。

（3）生坯成形　将面团揉匀揉光，擀成约0.4cm厚的薄面片，切成细面条。

（4）生坯熟制　将大锅置旺火上，下入冷水烧沸，将面条抖散下入锅内，煮约3min，至八成熟时捞出沥干，置案板上，用电扇吹凉，再刷上芝麻油，抖开拌匀，凉至根根松散。

将煮好的面条放入漏勺中，入开水锅内烫至滚热。捞起，沥干，倒入碗内，撒上虾米、叉烧肉、大头菜丁，浇上芝麻酱，加入芝麻油、辣椒油、味精，撒上葱末，拌匀即成。

第五节　其他类面点制作

一、猫耳朵

1. 原料配方（以2份计）

（1）坯料　面粉150g，冷水75mL。

（2）调配料　熟鸡脯35g，熟瘦火腿35g，干贝15g，虾仁35g，水发香菇15g，笋丁15g，青菜35g，葱段15g，姜片15g，黄酒15mL，精盐5g，味精2g，淀粉8g。

（3）汤料　鸡清汤1500mL，熟鸡油15g。

（4）辅料　色拉油500mL（约耗30mL）。

2. 制作过程

（1）配料加工　将虾仁洗净，用淀粉上浆，滑油至熟；干贝洗净后放入小碗，加入水及黄酒、葱段、姜片，入笼屉蒸熟，取出后晾凉用手撕碎；熟鸡脯、熟瘦火腿、水发香菇等均匀切成蚕豆大的小薄片。

（2）面团调制　用中筋面粉加冷水调成面团，揉匀揉透，醒制15～20min。

（3）生坯成形　将面团揉光，搓成直径0.8cm的长条，切成1cm长的丁220个，放在面粉里略拌，然后按段直立用大拇指向前推搓卷曲成猫耳朵形状。

（4）生坯熟制　将猫耳朵生坯倒入开锅中煮2～3min上浮捞出；炒锅置中火上，加入鸡清汤，待汤沸放入虾仁、干贝丝、鸡片、火腿片、水发香菇、笋丁，汤再沸时，撇去浮沫，将猫耳朵入锅，煮约30s，待猫耳朵再次浮起时，加入精盐、味精、青菜，随即出锅，盛入碗内，淋上鸡油即成。生坯第一次煮时断生即可；主配料一起煮的时间不宜太长，以免汤色浑浊。

二、麻油馓子

1. 原料配方（以6把计）

（1）坯料　中筋面粉300g，精盐3g，冷水150mL。

（2）辅料　芝麻油2L。

2. 制作过程

（1）面团调制　将面粉倒在案板上扒一小窝，加盐、冷水拌匀拌透，待表面揉匀并光滑后盖上湿布醒制10min，然后褙一次，再次醒制后再褙，如此反复三次。然后将面团放置在抹过油的干净案板上，擀成1cm厚的长片，切成6根条状片，手上沾上芝麻油，将每条面搓成筷子粗的细条，再沾上油，盘绕在盆内醒制6h左右（最好隔夜醒制后再成形、成熟）。

（2）生坯成形　取面剂条1根，将面剂条一头放在左手虎口处，用左手拇指捻住，右手将面条拉成更细的条，边拉边向左手上绕，绕约10圈，将另一头仍然连接在虎口处，粘牢。然后取下，用双手手指套着面圈，轻轻向外拉长（也有用两根长竹筷子穿过面圈拉长），长约30cm，左手不动，右手翻转360°，呈绳花状。

（3）生坯熟制　在锅内放入芝麻油，用旺火烧至200℃时，用长竹筷子穿好两端，下锅炸，炸至成形时，抽掉筷子再炸0.5min呈金黄色捞起沥油，装盘。炸制的火力大小和时间长短受面条的粗细影响。

三、春卷

1. 原料配方（以 20 只计）

（1）坯料　面粉100g，盐1g，冷水85mL。

（2）馅料　五香豆干250g，猪肉150g，卷心菜150g，胡萝卜100g，色拉油750g，酱油15mL，精盐2g，味精3g，湿淀粉25g。

2. 制作过程

（1）馅心调制　将五香豆干洗净切丝；卷心菜撕开叶片，洗净切丝；胡萝卜洗净，去皮切丝，三丝拌匀备用。另将猪肉洗净切丝，放入碗中，加入酱油、湿淀粉拌匀并腌制10min。锅中倒入适量油烧热，放入猪肉丝炒熟，盛出。再用余油把其余馅料炒熟，再加入猪肉丝及精盐、味精炒匀，最后浇入水淀粉勾薄芡即为春卷馅。

（2）面团调制　将面粉放在案板上，扒一个小窝，撒上盐，加上适量冷水揉成絮状，再分次加水，把面揉成筋力十足、具有流坠性的稀面团，然后放入盆中，封上保鲜膜，醒制2~3h；揪一块面团，掂在手上。将圆底锅烧热，保持中小火，将手中的面团迅速在锅底抹一圈形成圆皮，立即拽起，让面团的筋性带走多余的面；当圆皮边缘翘起，就可以捏着翘起的边缘把面皮揭起来了。将做好的春卷皮一张张重叠，放成一摞。

（3）生坯成形　将春卷皮摊平，分别包入适量馅卷好叠好，封口处抹上一点冷水粘合。

（4）放入热锅中炸至黄金色，捞出沥油即可。

四、文楼汤包

1. 原料配方（以 30 只计）

（1）坯料　中筋面粉300g，冷水150mL，精盐3g，食碱水3mL。

（2）馅料　螃蟹200g，熟猪油25g，白胡椒粉2g，葱末15g，黄酒15g，精盐3g，姜末10g。

（3）皮冻　鲜猪肉皮350g，鸡腿1.5只，猪后臀肉150g，猪骨200g，葱末15g，姜末15g，黄酒25mL，虾籽3g，精盐5g，生抽25mL，白糖5g。

2. 制作过程

（1）馅心调制　制作蟹粉：把螃蟹洗净、煮熟，剥完取肉、黄。锅内放入熟猪油投入葱末、姜末煸出香味，倒入蟹肉、蟹黄略炒，加黄酒、精盐和白胡椒粉炒匀后装入碗内备用。

制作皮冻：将鲜猪肉皮、猪骨头洗净，猪后臀肉切成0.6cm厚的片，将上述原料一起下锅焯水后。锅内换成冷水，将鸡腿、猪肉皮、猪肉、猪骨等用小火煮2～3h。猪肉捞起，冷后改切成细丁；鸡腿成熟时起锅拆骨，也切成细丁；烂肉皮起锅，绞碎，越细越好；猪骨捞出。

将肉皮蓉倒回肉汤中烧沸，改小火加热。待汤稠浓时，再放入鸡丁、肉丁烧沸、撇沫，放葱末、姜末、料酒、精盐、生抽、白糖和炒好的蟹粉。汤沸时用汤烫盆（汤仍倒入锅中），再烧沸时即可将汤馅均匀地装入盆内，盆底垫空或整盆置于冷水中以利散热。用筷子在盆内不断搅动，使汤不沉淀，馅料不沉底。待汤馅冷却、凝成固体后，用手捏碎待用。

（2）面团调制　将面粉倒在案板上，扒一个小窝，加入用冷水、精盐、食碱水，将面粉拌成雪花面，再揉成团，盖上湿布，置案板上醒透，边揉边叠，每叠一次在面团接触面沾水少许，如此反复多次至面团由硬回软，搓成粗条，盘成圆形，用湿布盖好醒制15min。

（3）生坯成形　将面团揉匀搓条摘成30只面剂，每只面剂撒上少许辅面，擀成直径为16cm、中间厚边皮薄的圆形面皮。左手握皮，右手挑入馅心，将面皮对折叠起，左手虎口夹住，右手前推收口成圆腰形汤包生坯。

（4）生坯成熟　每只小笼放一只，蒸7min即熟。装盘时，将盛汤包的盘子用开水烫热，抹干。抓包时右手五指分开，把包子提起，左手拿盘随即插入包底，动作要迅速。每盘放一只。

五、南翔小笼包

1. 原料配方（以30只计）

（1）坯料　中筋面粉300g，冷水150mL。

（2）馅料　猪肉泥300g，葱末15g，姜末15g，黄酒15mL，精盐5g，生抽25mL，白糖10g，芝麻油5mL，味精3g，冷水75mL，肉皮冻粒100g。

2. 制作过程

（1）馅心调制　将猪肉泥置于馅盆中，加入葱末、姜末、黄酒、精盐、生抽搅匀，再分次加入冷水搅打上劲，最后加入白糖、味精、肉皮冻粒、芝麻油拌匀即成馅。

（2）面团调制　取面粉与冷水和匀，揉成光滑的面团，醒制15～20min。

（3）生坯成形　将面团置于案板上揉匀搓条，下成30只小面剂，用手按成中间稍厚的圆形面皮，包入馅心，捏褶成18条花纹的包坯即成。

（4）生坯熟制　取直径23cm的小笼，刷油后每笼装小笼包15只，蒸10min即成，装盘。

六、王兴记馄饨

1. 原料配方（以 4 份计）

（1）坯料　面粉250g，碱水2mL，冷水110mL。

（2）馅料　猪腿肉200g，青菜叶50g，榨菜15g，葱末15g，姜末10g，精盐3g，黄酒15mL，白糖15g，味精2g，冷水75mL。

（3）汤料　青蒜末15g，味精3g，肉骨汤1000mL，熟猪油15g，精盐5g。

（4）饰料　香干丝25g，蛋皮丝25g。

2. 制作过程

（1）馅心调制　将青菜叶洗净，烫过挤去水分，剁碎；将榨菜剁成末后用水浸泡，待用；将猪腿肉洗净，绞成肉末，加葱末、姜末、黄酒、精盐拌匀，加冷水搅拌上劲。加白糖、味精、青菜末、榨菜末拌匀即成馄饨肉馅。

（2）面团调制　把面粉倒在案板上加入碱水、冷水和成雪花面，揉搓成光滑的硬面团，醒制20min。

（3）生坯成形　将面团揉光，然后用压面机反复压三次（可撒些干淀粉防黏增滑），压成0.5mm厚的薄皮，叠层切成下宽7cm、上宽10cm的梯形皮子60张。取皮子一张放左手，右手挑馅放在皮子的中央由下向上卷起成筒状，再将两头弯曲用水粘牢包成大馄饨形。

（4）生坯熟制　煮时水要宽，火要大，水沸后下入馄饨。其间点一两次冷水，使汤保持微沸，以防面皮破裂待馄饨全部浮于水面即好。

（5）碗中放入味精、精盐、熟猪油、青蒜末、肉骨汤，捞入馄饨（每碗15只），再撒上蛋皮丝、香干丝即成。

七、湖州大馄饨

1. 原料配方（以 4 份计）

（1）坯料　中筋面粉250g，冷水110mL。

（2）馅料　猪瘦肉（略带肥肉）200g，冬笋衣碎25g，黄酒15mL，熟芝麻末15g，白糖10g，芝麻油15mL，味精3g，盐5g，冷水50mL。

（3）汤料　清汤1000mL，葱末5g，蛋皮丝5g。

2. 制作过程

（1）馅心调制　将猪瘦肉剁成粗粒，与冬笋衣碎、黄酒、盐拌匀加水搅上劲，再加入熟芝麻末、白糖、芝麻油、味精拌成肉馅。

（2）面团调制　面粉加冷水和成光滑的面团，醒制20min。

（3）生坯成形　将面团揉匀揉光用面杖擀成薄片，切成上边7cm、下边10cm的梯形皮60张，逐张挑入肉馅，包成凸肚翻角略呈长形的馄饨。

（4）生坯熟制　将清汤烧开，下入生坯，用勺推动馄饨，使之旋转，再沸后稍养，倒入汤碗中，撒葱末、蛋皮丝即成。

另一种熟制方法是煎制法：将馄饨煮至八成熟，捞起摊开晾凉。锅内倒入油烧热下馄饨，煎至馄饨两面微黄，滤去余油，加酱油起锅，配米醋、辣酱碟上桌。

八、龙抄手

1. 原料配方（以4份计）

（1）坯料　面粉250g，鸡蛋1个，冷水110mL。

（2）馅料　猪前夹肉250g，姜汁100mL，精盐5g，胡椒粉3g，鸡蛋1个，味精3g，芝麻油15mL。

（3）汤料　鲜汤1000mL，精盐3g，味精3g，胡椒粉3g，熟鸡油15mL。

2. 制作过程

（1）馅心调制　将猪前夹肉剁成蓉，加精盐、味精、胡椒粉、蛋液、姜汁搅打上劲，加入芝麻油拌匀即成。

（2）面团调制　面粉放案板上扒一个小窝，加冷水、蛋液和匀，揉至光滑，醒制20min。

（3）生坯成形　将面团擀压成0.05cm的薄片，切成7.5cm见方的面皮叠齐。取一张面皮，左手托皮，右手用馅挑上馅，先叠捏成三角形后，再将两角交叉黏合在一起捏成形即可。

（4）生坯熟制　将生坯投入开锅中，煮至上浮后装入盛有调味料的热汤碗内即成。

九、萝卜丝油墩子

1. 原料配方（以30只计）

（1）坯料　面粉300g，泡打粉2g，精盐10g，味精2g，冷水450mL。

（2）馅料 白萝卜350g，河虾30只，葱末15g。

（3）辅料 花生油750mL（约耗125mL）。

2. 制作过程

（1）馅心调制 将白萝卜洗净、沥干，用刨子擦成如火柴梗粗的萝卜丝，用盐略腌后，裹在洁净纱布内挤去水分，与葱末一同拌匀。河虾洗净，剪去虾须、触角。

（2）面团调制 面粉倒入面盆内，加精盐、味精，先注入一半的冷水拌匀拌透，再将剩下的冷水分4~5次注入，顺一个方向拌上劲，直至用勺舀起向下倾倒时没有粉浆粘在勺子上为止。醒制1~2h后，加入泡打粉拌匀即成面浆。

（3）生坯成形 将花生油倒入锅内，用旺火烧至160℃，将油墩子模具入锅预热后，滤尽模内剩油。用勺子舀25g面浆垫在模子底部，取20g萝卜丝放在面浆中央，再加40g面浆，用勺子在四周揿一下，使模子填满面浆，萝卜丝正好包在面浆之中，再在居中处放1只河虾。

（4）生坯熟制 将模子放入锅内油氽，氽时火不宜太旺，以免外焦里生。待油墩子自行脱模后去模子，继续氽至底部稍向外突出，表面金黄，即可出锅。

十、韭香锅贴

1. 原料配方（以30只计）

（1）坯料 中筋面粉300g，开水100mL，冷水50mL。

（2）馅料 韭菜300g，鸡蛋5个，粉丝150g，盐10g，味精5g，熟猪油25g，芝麻油15mL。

（3）辅料 中筋面粉15g，冷水100mL，色拉油75mL。

2. 制作过程

（1）馅心调制 将韭菜洗净切碎，加入5g盐腌制15min，挤干水分；粉丝用温水泡软剁碎；将鸡蛋液打入碗中，加入2g盐搅匀，锅中倒入20mL色拉油将蛋液炒熟、剁碎；将韭菜粒、粉丝粒、鸡蛋粒、3g盐、味精、熟猪油、芝麻油拌匀即成。

（2）面团调制 将面粉倒在案板上，在面粉中间扒一窝，加入开水先调成雪花面，再淋上冷水调成光滑的面团，醒制20min。另将面粉15g，加上100mL冷水调匀成粉浆备用。

（3）生坯成形 将面团揉匀揉光，搓成长条，摘成30只剂子，用双饺杆擀成直径9cm的饺皮。左手托皮，右手用馅挑上馅，放在左手虎口上，右手将皮边捏拢，捏出皱褶，成月牙形。

（4）生坯熟制　在洗净烘干的平底锅中倒入75mL色拉油，将生坯放入，略煎后倒入约40mL用面粉和水调成的粉浆，中小火加热，将锅贴底部煎成金黄色，锅贴之间形成金黄色的网格即可。

十一、牛肉锅贴

1. 原料配方（以 30 只计）

（1）坯料　中筋面粉300g，精盐2g，热水150mL。

（2）馅料　牛肉350g，酱油15mL，味精3g，精盐5g，胡椒粉3g，芝麻油15mL，葱末15g，姜末15g，冷水100mL，花生油15mL。

2. 制作过程

（1）馅心调制　将牛肉去筋膜并剁成末，与葱末、姜末，一同放入盆中，加酱油、精盐、味精、胡椒粉搅拌均匀，分次加入水搅匀上劲，最后拌入芝麻油成为馅料待用。

（2）面团调制　面粉放案板上，加入精盐和热水（70℃以上），均匀地和好面粉，并摊开晾凉（即烫面和面法），再揉搓至光洁，醒制15min，即为烫面面团。

（3）生坯成形　将揉搓好的面团搓条摘成30块剂子，用擀面杖擀成中间较厚、边缘稍薄的皮子，各包入馅心，捏成褶纹饺。

（4）生坯熟制　把锅贴摆入已抹油并烧热的平底锅里，先煎0.5min后，分2～3次淋入热水，加盖煎至水干饺熟，底呈金黄焦色即可。

十二、奶油炸糕

1. 原料配方（以 20 只计）

（1）坯料　中筋面粉300g，鸡蛋150g，奶油25g，香草粉0.5g，冷水600mL。

（2）饰料　糖粉50g。

（3）辅料　花生油1000mL（约耗30mL）。

2. 制作过程

（1）面团调制　锅中入冷水烧开，倒入面粉搅拌均匀，加入奶油、香草粉，反复搅透拌匀（不能夹有粉粒），倒入面盆内稍晾，加蛋液调匀成团，醒制15min。

（2）生坯成形　将面团揉成长条，摘成剂子，揉成圆球形，再按扁即成生坯。

（3）生坯熟制　锅内入花生油烧热，至170℃，放入生坯炸至浅黄色捞出，撒上糖粉即可。

十三、煎饼果子

1. 原料配方

（1）皮面　高筋面粉300g，水200g。

（2）馅心　鸡蛋，小葱花，圆生菜，甜面酱，辣酱，沙拉酱，腌制鸡柳，油炸馄饨皮（脆皮），烤肠，培根各适量。

（3）配料　色拉油适量（成熟用）。

2. 制作过程

（1）调制皮面　将面粉过筛倒入盆中，分次加水，用蛋抽不停搅拌均匀，直至搅拌成没有面粉颗粒的面糊，备用。

（2）馅心调制　将馄饨皮用200℃的色拉油炸至金黄色、酥脆后捞出控油；将西生菜洗净后切成丝；将腌制好的鸡柳炸熟；将烤肠烤熟；培根放在煎饼锅上煎熟备用。

（3）生坯熟制　将煎饼锅升温至250℃，用一块干净的毛巾蘸少许色拉油均匀地涂抹在锅表面，用手勺盛一勺面糊倒在饼锅中心位置，然后用煎饼耙子按顺时针方向均匀地将面糊摊开，呈薄饼状；在饼上磕一个鸡蛋，上面撒少许葱花，再用煎饼耙子将蛋液摊开，待蛋液稍凝固后将煎饼翻面；根据个人口味适当刷一层甜面酱或辣酱，再分别将适量的圆生菜、鸡柳、烤肠或培根、脆皮放在饼中心，最后在上面挤上适量的沙拉酱，然后将饼的四边折起呈正方形即可。

3. 操作要点

（1）在调制面糊时要分次加水，并边加边搅拌，避免产生面疙瘩。

（2）煎饼锅上抹油要少而均匀。

（3）在摊制煎饼时用力要均匀，使煎饼薄且厚度均匀。

（4）根据个人的口味要求可适当增减煎饼中所卷的原料。

4. 成品特点

产品表皮色泽金黄，煎饼软韧，馅心口味丰富，营养丰富，变化多样，香气扑鼻，味美适口。

第 **6** 章

膨松面团类面点制作

◎ 学习目标

1. 掌握馒头类面点制作。
2. 掌握包子类面点制作。
3. 掌握卷类面点制作。
4. 掌握油条、麻花制作。
5. 掌握其他常见点心制作。

第一节　馒头类面点制作

一、长花卷 / 圆花卷

1. 原料配方（以 10 只计）

面粉500g，酵母5g，泡打粉10g，糖30g，温水270g。

2. 制作过程

（1）和面　面粉开窝，加入酵母、泡打粉和白糖，加入温水搅拌均匀，揉成面团，反复揉匀揉光。

（2）成形　馒头下剂每个80g左右，揉搓光滑，也可以将面团擀成大片，卷起来，用刀切成均匀的面剂。长花卷面团擀成大片，表面刷上油，采用双卷法的方法，从两头向中间叠，然后用刀切成小段，两手采用相反的方向拧即可。圆花卷面团擀成大片，表面刷上油，采用单卷法的方法，从一头向另一头叠，然后用刀切成小段，层次朝外，缠绕在大拇指上即可。

（3）醒发　将蒸箱内温度控制在30℃左右，将生坯放入，醒发15min，待其表面发起即可。

（4）蒸制　蒸箱旺火蒸制15min即可。

二、奶香刀切馒头

1. 原料配方（以 15 只计）

面粉300g，奶粉15g，酵母5g，泡打粉5g，白糖5g，猪油15g，温水160mL。

2. 制作过程

（1）面团调制　先把一半面粉放入容器中，加入酵母、白糖、奶粉和温水，然后搅拌均匀，放到湿热的地方发酵。发酵至面糊表面有气泡并且开始破裂，整体开始塌陷。加入另一半面粉揉成粉团，再加入15g猪油继续揉面。揉至面团表面光滑，放到湿热地方二次发酵。发酵至表层有气泡时即可。

（2）生坯成形　案板上撒一层面粉。将发好的面团置于案上。揉成圆条状，用刀切成大小基本均匀的馒头生坯。

（3）生坯熟制　将馒头生坯放入刷了油的蒸笼中蒸制10min。

三、高桩馒头

1. 原料配方（以15只计）

中筋面粉350g，温水120mL，面肥200g，食碱水5mL，白糖25g。

2. 制作过程

（1）面团调制　将面粉300g倒在案板上，中间扒一小窝，放进面肥，再放入温水调成面团，揉匀揉透，醒发1h。将面团兑好碱揉透，放入白糖揉匀，再将面粉50g加入酵面中揉透。

（2）生坯成形　搓成长条，摘成15只面剂，将每只面剂带粉反复搓揉，搓成上大下略小的硬实的长圆柱体，即成高桩馒头生坯。

（3）生坯熟制　放入过油的笼内醒发30min。将装有生坯的蒸笼放在蒸锅上，蒸12min，待皮子不黏手、有光泽、按一下能弹回即可出笼装盘。

第二节　包子类面点制作

一、生煎馒头

1. 原料配方（以30只计）

（1）坯料　中筋面粉450g，开水100mL，温水125mL，酵母6g。

（2）馅料　猪肉泥350g，葱末15g，姜末10g，黄酒15mL，酱油15mL，盐3g，白糖15g，味精3g，胡椒粉1g，冷水120mL。

（3）辅料　花生油25mL，冷水50mL。

（4）饰料　脱壳白芝麻或葱花25g。

2. 制作过程

（1）馅心调制　将猪肉泥放入盆中，加入葱末、姜末、黄酒、酱油、盐搅匀，分3次倒入冷水顺一个方向搅打上劲，再加入白糖、味精、胡椒粉拌匀成馅。

（2）面团调制　将面粉倒入面盆中，加入开水，搅拌成雪花面。把用少量温水溶解的酵母倒入雪花面中，再加余下的温水拌匀揉透，盖上湿布，醒发20min。

（3）生坯成形　将面团揉光、搓成条，摘成30个面剂。逐个将剂子按扁略擀，放上馅心15g，捏出均匀的皱褶，收口，在收口处粘上芝麻或葱花，即成生煎馒头坯子，醒发20min。

（4）生坯熟制　取平锅一只，烧热后放入花生油，再将生煎馒头坯子排列在平锅里，盖上锅盖煎。2min后揭开锅盖，沿四周浇入少量冷水，仍盖上锅盖，并不时转动平锅，使其受热均匀。煎5～6min，见锅边热气直冒、香气四溢时，揭开锅盖，用铲子将馒头铲起，底部呈金黄色，即可出锅装盘。

二、奶黄包

1. 原料配方

（1）坯料　面粉500g，泡打粉5g，酵母10g，白糖20g，水250g。

（2）馅料　白糖150g，鸡蛋2个，生粉40g，吉士粉10g，黄油50g，牛奶100g。

2. 制作过程

（1）发面　将面粉中加入泡打粉、酵母、白糖粉（先将白糖擀细）、温水拌成葡萄面，揉成表面光滑的面团，盖上保鲜膜后，静置发酵30min。

（2）调制奶黄馅　将鸡蛋液打散，放入白糖继续搅打至白糖溶化。将黄油放入小碗内，入笼蒸制，至黄油溶化。鸡蛋糖液中加入黄油、生粉、吉士粉，牛奶搅拌均匀。将搅拌好的液体倒入碗内，入笼蒸约15min（5min搅拌一次），晾凉后使用。

（3）成形　将醒好的面搓成长条，揪成大小一致的剂子，将剂子竖放于案板上，撒上少许干面粉后，用手按成边薄中厚的圆皮。

取皮一张，上馅后，包捏成圆球形（无缝包），收口向下放于案板上，用刀在生坯顶部割出一个十字刀口（能看见馅心）。

（4）醒面　将生坯放入已刷油的蒸笼内，醒约10min。

（5）蒸制　旺火沸水蒸约12min。

3. 操作要点

（1）根据气温掌握好发酵的时间。若天气较冷时，可将装有面团的盆子放入热水中，或将面团放入醒发箱中进行发酵。

（2）调制奶黄馅时，要注意将各料充分搅拌均匀；蒸制时每5min搅拌1次。这样制作出来的奶黄馅，其口感才嫩滑。

三、三丁大包

1. 原料配方

（1）坯料　面粉500g，干酵母10g，泡打粉5g，白糖10g，温水260g。

（2）馅料　猪肋条肉150g，熟冬笋肉150g，熟鸡肉100g，干虾子15g，绍酒15g。

（3）辅料　酱油30g，白糖10g，鸡汤适量，水适量，淀粉30g。

2. 制作过程

（1）把面粉放在案板上，将酵母、泡打粉、白糖拌匀后加入温水调成雪花状。然后揉成表面光滑的团（冬天要保温），静置待发足备用。

（2）把猪肋条肉铲去猪皮，放入汤锅内煮至七成酥（用筷子能插入即可），取出待凉后，剔去肉骨，与熟冬笋肉、熟鸡肉一样分别切成0.7cm大的小丁。

（3）炒锅放旺火上，下鸡汤、酱油、绍酒、白糖、虾子、熟肉丁、熟鸡丁、熟笋丁烧沸，下水淀粉上下翻动，使汤汁稠黏均匀，盛出摊在盘内待凉备用。

（4）将发酵面放面板上（面板上要撒干面粉，以防酵面黏面板）揉匀搓成条下剂50g左右，用直擀面杖擀成中间厚边上稍薄的圆皮。放上馅心，包成金鱼嘴形状的包子，然后醒约20min。

（5）将醒发三丁包放入蒸笼内，用旺火急蒸12min左右至熟，取出即可。

3. 操作要点

（1）酵面要发足，水温不能太高，否则会把酵母烫死。膨松面团松软，能吸馅卤，味道更浓。

（2）三丁馅炒好后必须放冰箱冷却，使卤汁冰冻后备用。

四、生煎包

1. 原料配方

（1）坯料　面粉500g，干酵母10g，泡打粉5g，白糖10g，温水250g，色拉油100g。

（2）馅料　猪肉馅250g，盐5g，料酒10g，糖5g，生抽15g，鸡精、水适量，葱姜汁15g。

（3）饰料　小葱末50g，芝麻50g。

2. 制作过程

（1）面粉放在案板上将酵母、泡打粉、白糖拌匀后加入温水调成雪花状。然后揉成表面光滑的团，静置待发足备用。

（2）猪肉馅加入葱花、盐、生抽、姜粉、胡椒粉、糖、料酒、香油、葱姜水等全部搅打上劲成为馅料备用。

（3）发酵好的面团揉均匀醒置10min备用。把面团搓成粗细均匀的条下剂子，每个剂子重约30g。取一个剂子擀成圆皮包入肉馅。再包成小包子，依次全部做好，排放在抹油的煎锅中，再次醒置10min。

（4）然后撒上黑芝麻上火煎制2min，浇上适量的冷水，加盖焖制。待水干后再撒上葱花。再焖制2min关火。

3. 操作要点

（1）生煎包的面团要软硬适中，肉馅要选肥瘦相夹的猪肉最好。

（2）肉馅中的葱姜水，要慢慢一点点的加入，边加入边搅打直到被肉馅全部吸收，这样做出的肉馅才会鲜嫩多汁。

（3）煎的时候先要煎制2min让包底定形，再加入冷水大火蒸至水干。葱花最后再放，稍焖2min出香即好。

（4）生煎包不能太大，每份面团比饺子皮稍大一点就好。

五、刺猬包

1. 原料配方（以20只计）

（1）坯料　中筋面粉300g，冷水160mL，酵母3g，泡打粉4g，白糖3g。

（2）馅料　红小豆500g，白糖250g，熟猪油50g。

（3）饰料　黑芝麻5g。

2. 制作过程

（1）馅心调制　红小豆洗净浸泡一夜，然后放高压锅内加水煮烂，取出后晾凉，用网筛擦制过滤，然后用纱布过滤去水分，成为干豆沙；取一个干净锅，放入熟猪油烧热，放入白糖炒化，再放入干豆沙炒匀，形成细沙馅。细沙馅在制作时要熬硬一点，便于生坯的成形操作。为了增加细沙馅的口味，可以加上桂花酱调味。

（2）面团调制　中筋面粉放案板上扒一小窝，加酵母、冷水、泡打粉、白糖等调成发酵面团，醒制20min。

（3）生坯成形　将发好的面团揉匀搓光，搓成长条，摘成20只面剂，用手掌按扁，擀成直径4cm、中间厚、周边薄的圆皮。包上硬细沙馅心，收口捏拢向下放。将坯子线搓成一头尖、一头粗的形状，尖头做刺猬头，圆头做尾部。用小剪刀在尖部横着剪一下，做嘴巴；在其上方剪出两只耳朵，将两耳捏扁竖起，再在两耳前嵌上两粒黑芝麻便成为刺猬眼睛。然后再用小剪刀在后尾部自上向下剪出一根小尾巴，也把它略竖起。放入刷过油的笼内醒发10min。再用左手托住包子，右手持小剪刀，从刺猬的身上从头部到尾部，从左边到右边依次剪出长刺来，放入笼内再醒发5min。

（4）生坯熟制　将装有生坯的蒸笼放在蒸锅上，蒸6min，待皮子不黏手、有光泽、按一下能弹回即可出笼。

六、寿桃包

1. 原料配方（以30只计）

（1）坯料　中筋面粉300g，酵母4g，泡打粉4g，白糖4g，温水160mL。

（2）馅料　大红枣750g，冷水400mL，熟猪油50g。

（3）饰料。红色素0.1g（实耗0.005g），绿色素0.1g（实耗0.005g），冷水适量。

2. 制作过程

（1）馅心调制　将大红枣洗净，切开去核留枣肉。将枣肉倒入锅中，加枣肉一半分量的水开火煮；煮的过程中用打蛋器不断搅拌，使枣肉均匀和水融合在一起；煮至枣肉成泥糊状，水分收干一些时关火，晾凉；将晾凉的枣肉用滤网过筛出细腻的枣泥；将过滤出的枣泥放入炒锅中，小火慢慢加热，同时不断翻炒，一直炒至枣泥中的水分收干，枣泥馅变硬即可，关火后仍要不停翻炒一会，使热气尽快散去，即成硬枣泥馅。

（2）面团调制　将面粉倒在案板上与泡打粉均匀，中间扒一小窝，放入酵母、白糖，再放入温水调成面团，揉匀揉透。用干净的湿布盖好醒制15min。

（3）生坯成形　将发好的面团揉匀揉光，取40g面团做叶柄用。其余面团搓成长条，摘成30只面剂，用手掌按扁，擀成直径7cm、中间厚、周边薄的圆皮。

每只剂子包入10g枣泥馅心，捏紧收口向下放，上端搓出一个桃尖略向一边倾斜，再用刀背在桃身至桃尖处压出一道凹槽，然后用面团制成两片叶子和叶柄装上即成生坯，放入刷过油的蒸笼中，醒制20min。

（4）生坯熟制　将装有生坯的蒸笼放在蒸锅上，蒸8min，待皮子不黏手、有光泽、按一下能弹回即可出笼。分别将红色素、绿色素溶于少量冷水中，搅拌均匀，再用牙刷蘸上色素溶液，将桃尖染成淡红色，桃叶染成淡绿色即可，装盘。

七、秋叶包

1. 原料配方（以 20 只计）

（1）坯料　中筋面粉300g，酵母4g，泡打粉5g，白糖6g，温水150mL。

（2）馅料　红小豆500g，白糖250g，熟猪油50g。

2. 制作过程

（1）馅心调制　红小豆洗净浸泡一夜，然后放高压锅内加水煮烂，取出后晾凉，用网筛擦制过滤，然后用纱布过滤去水分，成为干豆沙；取一个干净锅，放入熟猪油烧热，放入白糖炒化，再放入干豆沙炒匀，形成细沙馅。为增加红豆沙的风味可以放入适量桂花酱。

（2）面团调制　将面粉倒在案板上与泡打粉拌匀，中间扒一窝，放入酵母、白糖，再放入温水调成面团，揉匀揉透。用干净的湿布盖好醒发15min。

（3）生坯成形　将发好的面团揉匀揉光，搓成长条，摘成20只面剂，用手掌按扁，擀成直径6cm、中间厚、周边薄的圆皮。将硬豆沙馅搓成一头粗一头细，放入圆皮中，放在左手虎口上，右手用拇指、食指将皮子两面交叉捏进，每捏一个褶都有向上拎、向前倾的动作，使纹路呈"人"字形。将两边一直捏到叶尖，形成中间一条叶脉，两边有均匀的"人"字形纹路即成生坯。

（4）生坯熟制　放入刷过油的生坯排放入笼中醒发20min，将装有生坯的蒸笼放在蒸锅上蒸8min，待皮子不黏手、有光泽、按一下能弹回即可出笼。

八、蟹黄汤包

1. 原料配方（以 30 只计）

（1）坯料　中筋面粉300g，冷水160mL，酵母3g，泡打粉2g，白糖3g。

（2）馅料

① 皮冻：鲜猪肉皮350g，鸡腿200g，猪骨300g，葱15g，生姜15g，黄酒25mL，虾籽3g，精盐5g，味精3g，冷水1L。

② 蟹油：螃蟹550g，熟猪油25g，白胡椒粉2g，葱末15g，姜末10g，黄酒15mL，精盐2g。

③ 生肉馅：猪肉泥350g，葱末15g，姜末15g，黄酒15mL，虾籽3g，精盐5g，酱油15mL，白糖15g，味精3g，冷水100mL。

2. 制作过程

（1）馅心调制

① 制作皮冻：将鲜猪肉皮焯水，铲去毛污和肥膘，反复三遍后，入水锅，放葱、生姜、黄酒、虾籽以及焯过水的鸡腿、猪骨等，大火烧开，小火加热至肉皮一捏即碎，取出熟肉皮及鸡腿、猪骨等，肉皮入绞肉机绞三遍后返回原汤锅中，鸡腿肉切细丁后也一起入锅，再用小火熬至黏稠，放入精盐、味精等调好味，过滤去渣，冷却成皮冻。

② 制作蟹粉：把螃蟹洗净、蒸熟，剥壳取蟹肉、蟹黄。锅内放入熟猪油，投入葱末、姜末煸出香味，倒入蟹肉、蟹黄略炒，加黄酒、精盐和白胡椒粉炒匀后装入碗内。

③ 制作馅心：将猪肉泥加葱末、姜末、黄酒、虾籽、精盐、酱油拌匀，加冷水调上劲，再拌入白糖、味精，加入绞碎的皮冻、蟹粉拌成馅。

（2）面团调制　中筋面粉放案板上扒一小窝，加酵母、冷水、泡打粉、白糖等调成发酵面团，醒制20min。

（3）生坯成形　将面团揉光，搓条、摘成30个面剂，擀成直径10cm的圆皮，包上皮冻馅，按提褶包的捏法捏成圆形汤包生坯。

（4）生坯熟制　生坯放入笼内硅胶垫上，蒸10min即可，轻提装盘。

第三节　卷类面点制作

一、奶香花卷

1. 原料配方（以15只计）

高筋粉150g，低筋粉450g，白糖40g，蛋清25g，牛奶120g，温水100mL，奶香粉适量，椰浆25g，酵母6g，泡打粉5g。

2. 制作过程

（1）和面　和面制成生物膨松面团。

（2）揉面、醒面　揉成光滑面团，醒15min。

（3）搓条、下剂　取出面团，揪成每个重50g左右的面剂子，案板表面刷上色拉油，将面剂子搓成长条，放在案板上，表面刷上色拉油，盖上保鲜膜。

（4）成形　将长条面搓长，搓细，放在案板上，4根长条面为一组，摆在一起，表面刷上色拉油，盖上保鲜膜。取出一组长条面，抻长，压平，从一端向另一端卷起。蒸屉表面刷上色拉油，将蒸屉放入锅内，将花卷放在上面，盖上锅盖，进行醒发，醒发30min左右。

（5）熟制　盖上锅盖，进行蒸制，蒸制大约20min。

二、蝴蝶卷

1. 原料配方

面粉300g，酵母8g，白糖10g，南瓜泥90g，温水65g。

2. 制作过程

（1）面团调制　将南瓜切成小块放在蒸笼上蒸熟后，用刀背塌成南瓜泥。备用。将面粉150g加酵母4g、白糖5g拌匀后加温水调成面团，盖上干净的湿布直至发酵。剩余的原料加南瓜泥调制成团同上面的方法一样直至发酵备用。

（2）生坯成形　将黄、白两种面团分别擀制成约0.5cm厚的长方形薄片。然后把白色的长片放在黄色的面片上稍压紧使两者融合，卷起成圆柱形。卷紧后用刀切成2～3cm的段，将2个段平放并对着放在一起，收口在内测。在约2/3处用筷子收腰使其粘在一起即可成行。

（3）生坯熟制　将做好的蝴蝶卷醒约25min，上蒸笼15min左右。

注意：制作时水温不能太高，否则会把酵母烫死而不能发酵；面团一定要擀平，要比较干一点，操作才更方便。

三、如意卷

1. 原料配方（以20只计）

（1）坯料　中筋面粉300g，酵母5g，泡打粉5g，白糖5g，温水160mL。

（2）辅料　熟猪油50g。

2. 制作过程

（1）面团调制　将面粉倒在案板上与泡打粉拌匀，中间扒一窝塘，放入酵母、白糖，再放入温水调成面团，揉匀揉透。用干净的湿布盖好醒发15min。

（2）生坯成形　醒好的面团搓揉成长圆条，按扁，擀成约20cm长、0.5cm厚、12cm宽的长方形面皮，刷一层熟猪油，由长方形的窄边向中间对卷成两个圆筒后，在合拢处抹冷水少许，翻面，搓成直径3cm的圆条，用刀切成20个面段，立放在案板上。

（3）生坯熟制　笼内抹少许油，然后把20个面段立放在笼内，蒸约15min至熟即成。

四、菊花卷

1. 原料配方（以 20 只计）

（1）坯料　中筋面粉300g，酵母5g，泡打粉5g，白糖5g，温水160mL。

（2）馅料　瘦火腿35g，葱末25g，色拉油30mL，味精1g。

2. 制作过程

（1）馅心调制　将瘦火腿煮熟切成细末，加葱末、味精一起拌匀成馅心。

（2）面团调制　将面粉倒在案板上与泡打粉拌匀，中间扒一窝，放入酵母、白糖，再放入温水调成面团，揉匀揉透。用干净的湿布盖好醒发15min。

（3）生坯成形　将酵面揉光，用面杖擀成0.3cm厚的长方形薄片，一半均匀地涂上色拉油，撒上馅心，卷成圆筒；再将另一半翻过来，均匀地涂上色拉油，撒上馅心，卷成圆筒。将双筒沿截面切成20个坯子，取细头筷子一双，沿两只圆盘的对称轴向里夹紧，夹成4只椭圆形小圆角，再用快刀将4只小圆角一分为二，切至圆心，用骨针拨开卷层层次，即成菊花卷生坯，放入刷过油的笼内醒发15min。

（4）生坯熟制　将装有生坯的蒸笼放在蒸锅上，蒸7min，待皮子不黏手、有光泽、按一下能弹回即可出笼。

五、猪爪卷

1. 原料配方（以 20 只计）

（1）坯料　中筋面粉300g，酵母5g，泡打粉5g，白糖5g，温水160mL。

（2）辅料　芝麻油50mL，白糖50g，红绿丝50g。

2. 制作过程

（1）面团调制　将面粉倒在案板上与泡打粉拌匀，中间扒一窝塘，放入酵母、白糖，再放入温水调成面团，揉匀揉透。用干净的湿布盖好醒发15min。

（2）生坯成形　将酵面揉匀揉透，搓成长条，擀成长方形薄片，涂上芝麻油，撒上白糖和红绿丝。然后从两边向中线折叠成两层，再在上面涂上芝麻油，撒上红绿丝，以中线为中心对叠起来，成四层的长方形长条，用刀切成6cm长20段。从每段的中线这一边的1/3处向斜上方的一个对角处切一刀，切去一个小斜角不要，将余下的段子竖起，中线部分朝上，用手按平，刀切的口子朝上向两边分开成2只角，用两指将腰部捏拢，即成生坯。

（3）生坯熟制　生坯放入刷上油的蒸笼上，蒸7min即可。

六、腊肠卷

1. 原料配方（以20只计）

（1）坯料　中筋面粉300g，酵母5g，泡打粉5g，白糖5g，温水160mL。

（2）馅料　8cm长的小腊肠20根。

2. 制作过程

（1）面团调制　将面粉倒在案板上与泡打粉拌匀，中间扒一窝，放入酵母、白糖，再倒入温水调成面团，揉匀揉透。用干净的湿布盖好醒发15min。

（2）生坯成形　将酵面揉匀揉透，搓成长条，摘成20个面剂；逐只搓成细长条，环绕在小腊肠上面成形即可。

（3）生坯熟制　将做好的腊肠卷放入刷过油的蒸笼内，蒸制8min即可。

第四节　油条、麻花制作

一、炸油条

1. 原料配方（以30根计）

（1）坯料　高筋面粉150g，温水75mL，植物油35mL，盐3g，糖15g，泡打粉3g，干酵母3g。

（2）辅料　色拉油1L（实耗35mL）。

2. 制作过程

（1）面团调制　将高筋面粉等各种材料依次放入面盆中，拌和均匀。面团和好后，取一保鲜袋，倒一点油，搓匀，将面团放入，袋口打结，静置，待面团发至两倍大时取出，此时用手指蘸面粉戳个小洞，不回缩即好。

（2）生坯成形　将发好的面团轻放面板上，用拳头轻轻将面团摊开成薄面饼（或用擀面杖轻轻擀开），切成2cm宽，大约15cm长的面坯，留在面板上，盖保鲜膜，二次发酵

10～20min。取两条，在其中1条上面抹点水，取另一条放其上，用筷子压一条印。

（3）生坯熟制　下油炸炉（油温175℃左右）炸至金黄色，捞出沥干油即可。

二、炸麻花

1. 原料配方（以80根计）

面粉1000g，干酵母12g，泡打粉12g，白糖300g，豆油100mL，冷水450mL。

2. 制作过程

（1）面团调制　将面粉倒在案板上加入干酵母、泡打粉拌和均匀，扒个凹窝。另将冷水、白糖，放入盆内顺一个方向搅拌，待白糖全部溶化后放入豆油，再搅拌均匀，倒入面粉凹窝内快速掺和在一起，和成面团，稍醒制，反复揉三遍（醒10min揉一遍），最后刷油，以免干皮。

（2）生坯成形　待面发起，搓长条下等量小剂，刷油稍醒制即可搓麻花。先取一个小剂搓匀，然后一手按住一头，一手上劲，上满劲后，两头一合形成单麻花形，一手按住有环的一头，一手接着上劲，劲满后一头插入环中，形成麻花生坯。

（3）生坯熟制　油炸炉内放油，烧至170℃时，将麻花生坯放入，炸至沸起后，翻个炸成棕红色出锅即成。

第五节　其他常见点心制作

一、提子酥制作

1. 原料配方

（1）坯料　黄奶油200g，糖170g，全蛋2个，奶粉10g，葡萄干切碎130g，泡打粉6g，小苏打2g，中筋面粉450g。

（2）配料　蛋黄液适量（装饰用）。

2. 制作过程

（1）调制面团　将奶油、糖、全蛋依次搅拌乳化均匀，再分别加入奶粉和葡萄干搅拌均匀，最后加入过筛后的面粉、泡打粉、小苏打，用覆叠法将面团调制均匀。

（2）生坯成形　将面团放于案板上，底部撒一层干面粉，将面团用走槌擀成0.4cm厚的大片，然后用刀切成3cm×2cm的小块，摆入烤盘中，表面刷蛋黄即为生坯。

（3）生坯熟制　将烤箱升温至140℃，入炉，烤制18min左右表面上色不黏手即熟。

3. 操作要点

（1）调制面团时要使油、糖、蛋充分乳化均匀后再加入剩余的原料，以使面团的组织更细腻，面团的软硬程度需用面粉来调节。

（2）该面团调制的手法要采用复叠法，否则面团易产生筋性。

（3）调制好的面团需要马上成形、熟制，不需醒发松弛、不可放置时间过久，否则面团易产生面筋网络，从而影响制品的品质。

二、球形曲奇制作

1. 原料配方

黄奶油200g，糖粉170g，鸡蛋2个，奶粉10g，葡萄干200g，杏仁片200g，小苏打5g，低筋粉360g。

2. 制作过程

（1）调制面团　将奶油、糖、鸡蛋依次搅拌乳化均匀，再分别加入奶粉、葡萄干和杏仁片搅拌均匀，最后加入过筛后的面粉、小苏打，用覆叠法将面团调制均匀。

（2）生坯成形　将调制好的面团进行分剂，10g/个，用手搓成小圆球，摆入烤盘，即为球形曲奇的生坯。

（3）生坯熟制　将烤箱升温至170~190℃，入炉，烤制15min左右至表面稍上色不黏手即熟。

3. 操作要点

（1）调制面团时要使油、糖、蛋充分乳化均匀后再加入剩余的原料，以使面团的组织更细腻，面团的软硬程度需用面粉来调节。

（2）加入葡萄干和杏仁片后要快速搅匀即可，不可搅拌过度，该面团调制的手法要采用复叠法，否则面团易产生筋性。

（3）调制好的面团需要马上成形、熟制，不需醒发松弛、不可放置时间过久，否则面团易产生面筋网络，从而影响制品的品质。

三、蜂巢糕

1. 原料配方

糖230g，水430g，蜂蜜125g，炼乳175g，泡打粉10g，小苏打10g，低筋粉203g，鸡蛋4个，色拉油125g。

2. 制作过程

（1）粉浆调制　将糖、水煮沸成糖水后冷却待用。另取一个盆，将蜂蜜、炼乳加入搅拌均匀；将各种粉料过筛后分次加入搅拌均匀；再依次逐渐加入蛋液和色拉油搅拌均匀，最后加入冷却的糖水搅拌均匀即成蜂巢糕粉浆。

（2）粉浆成熟　取九寸（30cm）方盒，底部铺上高温纸，将粉浆倒入方盒内，盖上保鲜膜静置45～60min，入炉烤制，炉温首先调至200℃，烤制20min，然后再调至170℃，烤制1h，直到充分膨胀并且蛋糕呈现出焦糖色即熟。

（3）摆盘　出炉后冷却脱模，用快刀从蛋糕体中间横剖开，露出内部蜂巢组织，然后再切成三角形或菱形块，摆入盘中即可。

3. 操作要点

（1）要按照正确的原料比例，掌握顺序，并分次加入，每次加入以后就要充分的搅拌均匀。

（2）烤之前要静置45min，粉浆在这个时间里会发生化学反应产生大量的气体，只有充分静置过的粉浆，才能产生漂亮的蜂巢。

（3）烤制的时间要比一般蛋糕长一些，直到充分膨胀并且蛋糕呈现出焦糖色才可出炉。

四、黄油蛋糕

1. 原料配方

黄奶油250g，绵白糖200g，鸡蛋4个，泡打粉5g，低筋粉250g，葡萄干100g。

2. 制作过程

（1）糕糊调制　将奶油、白糖倒入盆中，用手掌搓搅至糖熔化，分次加入鸡蛋充分乳化均匀，再加入过筛的泡打粉、低筋粉，搅拌均匀，最后加入葡萄干调制成均匀的蛋糕糊。

（2）生坯成形　准备好耐高温硬质烘焙蛋糕纸杯，将蛋糕糊装入布袋中，挤入纸杯中八分满，摆入烤盘中。

（3）生坯熟制　炉温调至180℃，入炉烤制，烤制约20min表面鼓起呈棕黄色，用牙签插入其中后拔出，无黏连现象即熟。

3. 操作要点

（1）搅拌油、糖、蛋要充分乳化均匀，否则制品组织不够细腻。

（2）装入纸杯的蛋糕糊要八分满，因烤制时会胀发。

第 **7** 章

油酥面团类面点制作

◎ 学习目标

1. 掌握酥类面点制作。
2. 掌握酥饼类面点制作。
3. 掌握月饼类面点制作。
4. 掌握饼干类面点制作。

第一节　酥类面点制作

一、荷花酥

1. 原料配方

（1）坯料　面粉400g，水65g，糖10g，猪油150g，食用色素少许。

（2）馅料　豆沙馅50g。

2. 制作过程

（1）油酥制作。

① 水油酥制作：将250g面粉加水、糖、猪油50g，和成面团，分成两份，其中，一份加入粉色色素和成面团。将2个面团分别包上保鲜膜，醒约30min。

② 干油酥制作：将面粉150g加入100g猪油擦制成油酥面团包上保鲜膜醒30min。将醒好的粉色油皮面团分成5份，白色油皮面团也分成5份，油酥面团分成10份。

（2）面坯制作　取一个粉色水油皮面团按扁，将一个油酥面团包好，收口成圆形。同样的方法再做1个白色水油皮面团。

（3）面坯成形　将包好的红色面团按扁，擀成椭圆形，醒约10min。同样去白色的也是如此。然后分别由上至下卷起并顺着长边的方向擀制成之前的形状。反复2次即可。把两种颜色的面团分别擀制成圆形后，并将两个面皮重叠粉色的面皮放在上面，白色在下面，包上豆沙馅。

（4）面坯熟制　收口，滚圆，排入烤盘。用刀在表面切出对称的花瓣，形似荷花，刀口深至能看见内馅，送入烤箱，烤制温度为150℃，时间30min。

二、菊花酥

1. 原料配方

（1）坯料　面粉500g，酥油250g，水150g。

（2）馅料　豆沙200g，鸡蛋10g，白糖适量，芝麻装饰。

2. 制作过程

（1）油酥制作。

① 水油酥：面粉300g加入100g酥油、水调制成团。

②干油酥：剩余面粉加水调成面团，面团醒约20min。

（2）面团调制　将水油酥擀成稍薄皮把干油酥包如内部，像包包子一样包起。收口放在下面，正面稍按扁擀成长方形，然后三折继续擀成约1cm厚的薄片再次三折，反复3次。

（3）生坯成形　把擀好的面片用圆形的模具刻成直径4cm的圆坯，放入豆沙馅包起后按扁。将按扁的面团用刀将边上切成对称均匀的12等份。中间留有直径1cm的圆形不切断。顺着刀划开处将花瓣拧起，切面朝上。烤盘铺油纸，菊花酥摆放在盘上，中间部位刷上蛋液后撒上芝麻即可。

（4）生坯熟制　180℃预热5min，烘烤25min即可出炉。

三、莲蓉蛋黄酥

1. 原料配方

（1）坯料　面粉500g，黄油50g，温水适量。

（2）酥面料　低筋面粉300g，猪油75g，黄油75g。

（3）馅料　莲蓉馅、咸鸭蛋黄若干。

2. 制作过程

（1）调制皮面　首先调制皮面，醒制20min，然后擦酥待用。

（2）开酥　皮面下剂，每个15g，酥下剂，每个12g。采用小包酥方法，醒制5min。

（3）成形　将开好酥的面坯擀成厚3mm的大片，然后包入称量好的莲蓉馅及鸭蛋黄，收严剂口，包成圆形，表面刷蛋黄液，撒黑芝麻。

（4）熟制　烤箱预热，上火190℃、下火170℃，入炉烘烤18min，色泽金黄即可。

四、莲藕酥

1. 原料配方

（1）皮面料　低筋粉400g，黄油30g，猪油35g，温水适量。

（2）酥面料　蒸熟面粉300g，猪油150g，黄油150g。

（3）馅料　白莲蓉馅适量。

2. 制作过程

（1）调制皮面　首先调制皮面，醒制20min，然后擦酥放入冰箱待用。

（2）开酥　采用3×3的开酥方法，每开一次酥放冰箱冷冻15min。

（3）成形　将开好酥的面坯擀成3mm厚的大片，然后切成宽6cm的长方形，五片表皮刷蛋清码叠在一起；冷冻后切片，擀成长15cm的片剂，改刀切成梯形，中心放入搓制成形的馅心，从左向右卷实，用蛋清粘合接口，裹上白芝麻，再用面塑刀压出藕瓣裹上海苔丝。

（4）熟制　用130℃的油温炸制，至成品色泽洁白即可。

五、榴莲酥

1. 原料配方

（1）皮面料　面粉500g，黄油50g，鸡蛋1个，温水适量。

（2）酥面料　低筋面粉300g，猪油300g，黄油300g。

（3）馅料　菠萝肉，榴莲肉若干。

2. 制作过程

（1）调制皮面　首先调制皮面，醒制20min，然后擦酥放入冰箱待用。

（2）开酥　采用3×3×4的开酥方法，每开一次酥放冰箱冷冻15min。

（3）制馅　菠萝去皮切丁，然后加入砂糖，放入锅中炒，最后勾芡。榴莲去皮，去籽，搅成蓉状，加入适量白糖即可。

（4）成形　将开好酥的面坯擀成3mm厚的大片，然后切成8cm×8cm的正方形，也可以用手按成圆形，一头抹馅心，另一头抹蛋液，然后卷起，表面刷蛋液，蘸芝麻。

（5）熟制　烤箱预热至200℃，烤至成品色泽金黄即可。

六、千层萝卜酥

1. 原料配方

（1）皮面料　中筋粉250g，鸡蛋1个，黄油25g，温水125g。

（2）酥面料　低筋粉200g，猪油150g，黄油50g。

（3）馅心　白萝卜500g，火腿100g，香葱50g，调料适量。

（4）表面用料　芝麻适量。

2. 制作过程

（1）皮面制作　将中筋粉倒在案板上，中间开窝，打入1个鸡蛋，加入黄油、温水，和成面团，醒制15min。

（2）酥面制作　将猪油放在案板上，放入黄油，加入低筋粉，搓成油酥面团，用刮板挤压成长方形，冷冻15min。

（3）馅心调制　将白萝卜切成片，改刀成丝，将火腿切成片，改刀成丝，将香葱从中间切开，切成葱末，将白萝卜丝放入开水中焯熟，捞出，放入冷水中投凉，将水攥干，把姜切成片，改刀成丝，再切成姜末。用筷子将萝卜丝搅散，加入鸡精、味精、花椒面、精盐，搅拌均匀，放入火腿丝搅拌，放入葱花、色拉油，搅拌均匀。

（4）开酥　取出皮面，用擀面杖擀成面片，放上酥面，包住，捏严收口，用擀面杖击打面团，使油酥分布均匀，用走锤擀成薄片，折叠成三层，放入平盘内，盖上保鲜膜，冷冻15min，重复操作三遍。取出生坯，用走锤擀成长方形薄片，用刀切成长方形面片，刷上清水，将面片粘在上面，粘7~8层，用刀从中间切开，用手将四周挤压整齐，在另一侧用刀切成面片，将面片擀薄，包入萝卜馅。

（5）熟制　生坯蘸取蛋液，粘上芝麻。将生坯放入锅内油炸，炸到表面呈金黄色即可。

七、叉烧酥

1. 原料配方

（1）皮面料　面粉500g，黄油50g，鸡蛋1个，温水适量。

（2）酥面料　低筋面粉300g，猪油250g，黄油250g。

（3）馅料　猪里脊肉500g，盐5g，味精3g，绵白糖10g，花雕酒、鸡粉、胡椒粉、姜末、老抽、骨汤、叉烧酱适量。

（4）面捞芡　生粉50g，粟粉50g，水300g，老抽20g，生抽40g，味素20g，砂糖35g，番茄酱30g，蚝油50g。

2. 制作过程

（1）调制皮面、擦酥　首先调制皮面，醒制20min，然后擦酥放入冰箱待用。

（2）开酥　采用3×3×4的开酥方法，每开一次酥放冰箱冷冻15min。

（3）制馅　将馅料腌制入味，用专用烤炉烤熟，成熟后冷却切丁拌入熬制后的面捞芡。

（4）成形　将开好酥的面坯擀成3mm厚的大片，然后切成8cm×8cm的正方形，也可以用手按成圆形，一头抹馅心；另一头抹蛋液，然后卷起，表面刷蛋液，蘸芝麻。

（5）熟制　烤箱预热至200℃，烤至色泽金黄即可。

八、开口笑

1. 原料配方

（1）坯料　花生油40g，黄奶油20g，绵白糖110g，鸡蛋1个，水30g，泡打粉4g，中筋粉250g。

（2）配料　白芝麻适量（装饰用），色拉油适量（成熟用）。

2. 制作过程

（1）面团调制　将花生油与黄奶油搅拌均匀，加入绵白糖顺一个方向搓搅至糖溶化，然后分次加入鸡蛋和水搓搅至油、糖、蛋、水充分乳化均匀，颜色变浅发白；再加入过筛后的泡打粉、中筋粉，用覆叠法将面团调制成混酥面团。

（2）生坯成形　将面团分剂7g/个，手上蘸少许水团成小圆球（或用喷壶喷水），再滚粘上一层白芝麻，团实即为开口笑的生坯。

（3）生坯熟制　将炸锅油温升至180℃，倒入生坯，炸至表面上色、开口、外皮酥脆即可。

3. 操作要点

（1）调制好的混酥面团不要放置很长时间，以防面团产生筋性。

（2）外表滚粘的白芝麻要用双手团实，否则在成熟时易脱落。

（3）成熟时的油温要控制好：油温过高，外部焦煳而内部不熟；油温过低，则容易炸散。

第二节　酥饼类面点制作

一、黄桥烧饼

1. 原料配方

面粉500g，熟猪油150g，猪板油150g，白芝麻70g，饴糖10g，老酵面80g，碱面7g，葱65g，盐10g，温水120g，冷水15g。

2. 制作过程

（1）馅料制作　将葱切末放入盘中。将饴糖放入碗中，加冷水，调成饴糖水。将猪板油撕去筋膜，用刀切成0.6cm大小的粒，放入盘中，加盐，搅和成板油馅心，分成10份。

（2）面团调制　将250g面粉放在案板上围成塘坑，加入热猪油，掺和后反复用掌推擦至面团光滑不黏手时，即成干油酥面团，揪成10个剂子。

将剩余的面粉放在案板上围成塘坑，加入温水、熟猪油及老酵面（撕碎），拌和揉透，直至面团光滑不黏手时盖上湿布，醒1h，成水油酥面团。

（3）生坯成形　将水油酥面团放在案板上，加碱面揉匀揉透后醒10min，搓成粗条，揪成10个剂子（每个剂子约45g），用手按扁，包入干油酥面剂子，捏拢收口，按扁，用擀面杖擀成长形，自左向右卷拢，然后再将其按扁后擀成长条片，折叠成方皮，按扁，每个包入生板油馅1份，葱末6.5g，捏拢收口后擀成椭圆形，随后用软刷在饼面上刷一层饴糖水，沾满芝麻便成烧饼生坯。

（4）生坯熟制　当烤炉温度至220℃时，将烧饼生坯放入烤盘内，入炉烘烤4～5min，待饼面呈金黄色，饼身涨发至熟透后取出。

注意：面团要反复擦透，按规定形状擀制；收口要整齐，用大火烤熟，不能焦煳；擀时要平整，擀制时用力要适中，以免干油酥面挤成块状，影响层次。

二、糖酥饼

1. 原料配方

（1）皮面料　面粉500g、豆油50g、温水250g。

（2）酥面料　面粉350g、豆油175g。

（3）馅心　白糖200g、熟面粉70g、熟芝麻50g。

2. 制作过程

（1）调制皮面　调制皮面，醒制面15min。

（2）擦酥　擦酥待用。

（3）开酥　将皮面包入酥面，然后擀成3mm厚的大片，卷成圆筒状即可。

（4）下剂　每个50g。

（5）包馅　包入糖馅，表面刷上蛋液，撒上芝麻。

（6）熟制　烘烤炉上火220℃、下火220℃，烘烤至金黄色即可。

三、双麻酥饼

1. 原料配方（以 20 只计）

（1）坯料。

① 干油酥：低筋面粉150g，熟猪油75g。

② 水油面：中筋面粉150g，温水75mL，熟猪油15g。

（2）馅料　红小豆150g，熟猪油35g，白糖75g，糖桂花5g。

（3）辅料　鸡蛋1个，色拉油2L（约耗50mL）。

（4）饰料　脱壳白芝麻150g。

2. 制作过程

（1）馅心调制　将红小豆放水锅中煮烂，晾凉后过筛成泥。炒锅上火，放入白糖、熟猪油、红豆泥，用小火熬至稠厚出锅，加进糖桂花晾凉即可。

（2）面团调制。

① 干油酥调制：将低筋面粉放案板上，扒一小窝，加入熟猪油拌匀，用手掌根部擦成干油酥。

② 水油面调制：将中筋面粉放案板上，扒一小窝，加温水、熟猪油和成水油面，揉匀揉透醒制15min。

（3）生坯成形　将水油面按成中间厚、周边薄的皮，包入干油酥。收口捏紧向上，按扁，擀成长方形面皮，折叠3层，再擀成长方形，顺长边切齐，由外向里卷起，卷成3cm直径的圆柱体，用蛋清封口。卷紧后搓成长条，摘成20只剂子。将每只剂子侧按，擀成坯皮，周边抹上蛋清。包入馅心，然后将收口捏紧朝下放。制成心饼状。在每只饼的正反表面抹上蛋清，再粘上芝麻成生坯（收口朝下放）。

（4）生坯熟制　将生坯排放在烤盘中，用220℃烤制15min，至色泽金黄即可。

四、玫瑰饼

1. 原料配方（以 60 只计）

（1）坯料。

① 水油面：面粉750g，熟猪油75g，冷水350mL。

② 干油酥：面粉360g，熟猪油210g。

（2）馅料　净猪板油250g，白糖450g，鲜玫瑰花500g。

2. 制作过程

（1）馅心调制　将净猪板油切成小丁；鲜玫瑰花洗净吸干水分加白糖、板油丁拌匀成馅。

（2）面团调制　盆内加面粉360g、熟猪油210g搓成干油酥面团。另用面粉750g、熟猪油75g、冷水350mL等调成水油面团。

（3）生坯成形　用水油面包入油酥面，叠好，用擀面杖擀成大面片，卷成条状，摘成约25g一个的小面剂。逐个按成中间厚的圆皮，包入玫瑰馅适量，封好口，按成圆形。

（4）生坯熟制　放入烤箱用220℃烤制10min，烤熟即可。

五、椒盐牛舌饼

1. 原料配方（以20只计）

（1）坯料。

① 水油面：面粉400g，熟猪油80g，温水180mL。

② 干油酥：面粉400g，熟猪油200g。

（2）馅料　熟面粉110g，糖粉140g，猪油60g，花生米20g，芝麻50g，食盐5g，花椒面2g，冷水15mL。

（3）饰料　面粉50g，芝麻50g。

2. 制作过程

（1）水油面调制　将面粉过筛后，置于案板上围成圈，投入熟猪油、温水搅拌均匀加入面粉，混合均匀后，用温水和匀，调成软硬适宜的筋性面团，分成两大块醒制，各下20个小剂。

（2）干油酥调制　将面粉过筛后，置于案板上，围成圈，加熟猪油擦成软硬适宜的油酥性面团，分成两大块，各分成20小块。

（3）馅心调制　将熟面粉、糖粉搅拌均匀，过筛后置于案板上，围成圈，把花生米、芝麻仁粉碎后置于中间，同时加入食盐、猪油和适量的水，搅拌均匀，与拌好糖粉的熟面粉擦匀，软硬适宜，分成两大块，各分为20小块。

（4）生坯成形　将醒好的水油面按成中间厚的扁圆形，取一小块油酥包入，破酥后，再擀成中间后的扁圆形，将馅包入，严封剂口，用手拍成长条椭圆形，然后用擀面杖擀成长15cm、宽6cm的椭圆形薄饼，表面刷水粘好芝麻，在长度的中间用刀切开，分为两半，芝麻朝下，找好距离，摆入烤盘，准备烘烤。

（5）生坯熟制　将摆好生坯的烤盘送入炉内烘烤，炉温180～220℃，待表面成微黄色翻过来，继续烘烤，熟透出炉，冷却后即可。

六、一品烧饼

1. 原料配方（以20块计）

（1）坯料。

① 干油酥：面粉300g，花生油150mL。

② 水油面：面粉200g，芝麻油50mL，小苏打2g，温水100mL。

（2）馅料　白糖100g，青梅50g，核桃仁50g，糖桂花50g，熟面粉50g，芝麻油35mL。

2. 制作过程

（1）馅心调制　将青梅、核桃仁切成丁，与面粉、白糖、芝麻油、糖桂花拌成馅料。

（2）干油酥调制　将烧到六成热的花生油与面粉搅匀，至浅黄色时，取出晾凉制成油酥。

（3）水油面调制　取部分面粉用2/3温水调成稀面糊，将小苏打用剩余温水化开，加面粉和成面团。

（4）生坯成形　将水油面放在刷有花生油的案板上揉几遍，擀成0.2cm厚的长方片。在面皮上放上油酥摊平，卷成卷，摘成面剂，揿成圆皮，包上馅料，封口朝下，刷上一层稀面糊，粘上芝麻，即成烧饼坯子。

（5）生坯熟制　将烧饼坯子放入烧至六成热的花生油中，炸至金黄色时，捞出即可。

七、老婆饼

1. 原料配方

（1）水油皮面　中筋粉486g，黄奶油120g，麦芽糖96g，水210g。

（2）干油酥面　低筋粉400g，黄奶油200g。

（3）馅心　水450g，绵白糖350g，无水酥油150g，烤熟白芝麻30g，吉士粉20g，奶粉40g，糕粉300g。

（4）配料　蛋黄液、白芝麻（或椰蓉）各适量（装饰用）。

2. 制作过程

（1）调制馅心　将水与绵白糖、无水酥油、烤熟的白芝麻一起煮沸，然后加入吉士粉和奶粉搅匀，最后加入糕粉快速搅拌均匀后离火，搅拌至冷却后放入冰柜内冷藏备用。用之前取出分剂15g/个。

（2）面团调制　用和面机将水油皮面打匀，要求面团要偏软，将打好的面团取出，放入方盘内整理成长方形，盖上保鲜膜后放入冰柜冷藏松弛。

（3）调制油心　用擦制的手法调制油心，整理成形，放入方盘内，表面盖上保鲜膜，送入冰柜冷藏定形。待冷冻至两块面团软硬一致并可以操作时，取出。

（4）大包酥　将皮面取出，用走槌轻轻砸软呈长方形，再将干油酥面团取出，砸软至皮面1/2大小，包入皮面中，进行开酥，折叠一个三折和一个两折后擀开呈长方形薄片，然后分别卷成两个圆筒，揪剂18g/个。

（5）生坯成形　取一个面剂，用平杖擀成小圆皮，将馅心包入其中封口呈圆球状，然后用平杖擀按成圆饼，用小刀在表面划两个平行的小口放气，表面刷一层蛋黄液，撒少许白芝麻（或椰蓉）即为老婆饼生坯，摆入烤盘。

（6）生坯熟制　烤炉升温至190℃，将生坯送入烤制，注意烤制时不要打开烤炉门，烤制大约20min，至起层表面呈金黄色即熟。

3. 操作要点

（1）水油皮面用机器调制效果要比手工调制好，会使面团的筋性更强、更柔韧，调制的面团要偏软。

（2）破酥手法要轻而用力均匀，用刀划口是为了放气，防止成熟时饼会鼓起。

（3）老婆饼的馅心可以更换成其他的馅心：豆沙馅、莲蓉馅、黑芝麻馅、绿豆馅等。

（4）烤制时不开烤炉门的目的是防止成品出炉时塌陷收缩。

第三节　月饼类面点制作

一、广式月饼制作

1. 原料配方

（1）主料　转化糖浆400g，液态糕点专用油200g，枧水10g，吉士粉20g，低筋粉500g。

（2）配料　全蛋1个，蛋黄3个，盐少许（装饰用）。

（3）馅心　莲蓉馅或豆沙馅、枣蓉馅等。

2. 制作过程

（1）调制提浆面团　将低筋面粉与吉士粉一并过筛倒在案板上，扒窝，将糖浆倒入面窝内，分次加入花生油，用手顺一个方向搅匀，再加入枧水搅拌均匀至糖浆颜色变浅，最后分次加入低筋面粉，利用翻叠法调制成软硬适中的浆皮面团，盖上保鲜膜松弛1h。

（2）生坯成形　将馅心分剂38g/个，团成圆球待用；将醒发好的面团也分剂12g/个。取一个面剂，用手按扁，放在左手掌上，再取一个馅料，放于皮中间，利用拢上法将馅心均匀地包入坯皮中，手上沾少许干面粉将其团成圆球状，摆入烤盘内，然后用50g的月饼模具将其磕出花型，即为广式月饼的生坯，利用此方法将生坯摆满整个烤盘约35个。

（3）生坯熟制　将烤炉升温至200℃，在生坯表面喷一层雾状的清水后入炉烤制，大约7min至月饼表面为淡淡的黄色即取出冷却；将蛋液中加入少许盐打散，用密网过滤出杂质后用软毛刷在冷却后的月饼表面薄薄地刷上一层蛋液，再入炉烤制大约8min，待月饼表面呈金红色、侧面呈腰鼓状即可取出，待冷却后装入月饼托内，在托底部放一个除氧剂，装入包装袋中封口即可。

3. 操作要点

（1）糖浆与油脂、枧水要充分搅匀，若搅不匀，则制品易出现白点。

（2）面团调制好后要松弛1h以上，否则面团发黏，不易操作。皮的硬度要与馅心的硬度一致。

（3）包馅采用拢上法，要保证皮的厚度均匀一致。

（4）成熟时若烤制时间过长，则成品易爆裂。摆盘不要过密，每盘35个，距离要均匀，否则受热不均匀，产品易变形。

二、北方提浆月饼制作

1. 原料配方

（1）主料　转化糖浆375g，熟豆油150g，蛋清25g，臭粉3g，香油13g，低筋粉625g。

（2）配料　全蛋1个，蛋黄3个，盐少许（装饰用）。

（3）馅心　五仁馅、什锦馅、豆沙馅、枣泥馅等。

① 五仁馅：糖200g，芝麻100g，果脯50g，葡萄干50g，橘丁40g，糖玫瑰40g，白瓜子仁50g，蜂蜜50g，香油60g，色拉油150g，青梅50g，松仁25g，桃仁50g，瓜条50g，熟面粉175g，花生60g。

② 什锦馅：熟粉500g，糖700g，熟豆油200g，玫瑰酱100g，青梅150g，瓜条150g，青红丝100g，熟芝麻100g，花生250g，瓜子仁100g。

2. 制作过程

（1）调制提浆面团　将面粉过筛倒在案板上，扒窝，将糖浆倒入面窝内，分次加入熟豆油和香油，用手顺一个方向搅匀，再加入蛋清和臭粉搅拌均匀至糖浆颜色变浅，最后分次加入面粉，利用翻叠法调制成软硬适中的浆皮面团，盖上保鲜膜松弛1h。

（2）生坯成形　将馅心分剂60g/个，团成圆球待用；将醒发好的面团也分剂40g/个。取一个面剂，用手按扁，放在左手掌上，再取一个馅料，放于皮中间，利用拢上法将馅心均匀地包入坯皮中，手上沾少许干面粉将其团成圆球状，摆入烤盘内，然后用100g的月饼模具将其磕出花型，即为提浆月饼的生坯，利用此方法将生坯摆满整个烤盘约24个。

（3）生坯熟制　烤炉升温至200℃，在生坯表面喷一层雾状的清水后入炉烤制，大约7min至月饼表面为淡淡的黄色即取出冷却；将蛋液加少许盐打散，用密网过滤出杂质后用软毛刷在冷却后的月饼表面薄薄地刷上一层蛋液，再入炉烤制大约8min，见月饼表面呈金红色、侧面呈腰鼓状即可取出，待冷却后即可。

3. 操作要点

（1）糖浆与油脂、蛋清要充分搅匀，若搅不匀，则产品易出现白点。

（2）面团调制好后要松弛1h以上，否则面团发黏，不易操作。皮的硬度要与馅心的硬度一致。

（3）包馅采用拢上法，要保证皮的厚度均匀一致。

（4）成熟时若烤制时间过长，则成品易爆裂。摆盘不要过密，每盘4×6=24个，距离要均匀，否则受热不均匀，产品易变形。

第四节　饼干类面点制作

巧克力杏仁饼干

1. 原料配方

无水酥油200g，绵白糖180g，鸡蛋2个，巧克力40g（熔化后加入，可不加），可可粉25g，奶粉30g，泡打粉3g，烤熟杏仁片140g，低筋粉400g。

2. 制作过程

（1）面团调制　将无水酥油放在案板上用手搓软，加入绵白糖顺一个方向搓搅至糖溶化，然后分次加入鸡蛋搓搅至油、糖、蛋充分乳化均匀，颜色变浅发白；再按顺序加入巧克力和可可粉、奶粉、泡打粉、杏仁片，搅拌均匀；最后加入过筛后的低筋粉，用覆叠法将面团调制成团即为混酥面团。

（2）生坯成形　将面团整理成长条形，包上保鲜膜，摆入方盘内，放入冰柜内冷冻定形；将冻好的面团取出，用快刀顶刀切成0.5cm厚的片，摆入烤盘内即为饼干生坯。

（3）生坯熟制　将烤炉升温至160℃，入炉，烤制15min左右至表面干爽不黏手即熟。

3. 操作要点

（1）巧克力要隔水溶化后再加入面粉中，否则面团不够均匀。

（2）该面团调制的手法要采用复叠法，否则面团易产生筋性；调制的单酥面团要马上成形，不可放置时间过长。

（3）冷冻混酥面团时不要冻得过硬，否则切片时生坯易碎。

第 8 章

米粉面团类面点制作

◎ 学习目标

1. 掌握蒸煮类面点制作。
2. 掌握油炸类面点制作。

第一节　蒸煮类面点制作

一、糯米糍

1. 原料配方

（1）主料　糯米粉250g，澄粉50g，绵白糖20g，猪油50g，牛奶100g，温水适量。

（2）配料　椰蓉50g（装饰用），糯米粉50g（作扑粉）。

（3）馅心　莲蓉馅（或豆沙馅）适量。

2. 制作过程

（1）调制米粉面团　取一半糯米粉与澄粉混合均匀，牛奶煮沸，将其烫熟并趁热擦匀，然后加入绵白糖和猪油擦匀，再将剩下的糯米粉混入，加入适量的温水揉匀，要使面团偏软些，盖上保鲜膜醒发1h。

（2）面团调制　将馅心分剂4g/个，团成圆球待用；将醒发好的米粉面团也分剂，12g/个，分别将椰蓉和作扑粉的糯米粉用微波炉高火打1min至熟，冷却备用。

（3）用熟糯米粉作扑粉　取一个面剂，用手按扁，放在左手掌上，再取一个馅料，放于皮中间，利用拢上法将馅心均匀地包入坯皮中，团成圆球状即为糯米糍生坯，摆在刷过油的蒸屉上面。

（4）生坯熟制　蒸锅内的水烧沸，将生坯放入蒸锅内，旺火蒸制5~6min即熟。

（5）成品成形　用扁匙趁热将其拨出，放入烤熟的椰蓉中滚粘一层均匀的椰蓉即为糯米糍成品。

3. 操作要点

（1）在调制米粉面团时，通常要用沸水烫一部分，其目的是使淀粉糊化，以增加米粉面团的黏度。

（2）调制的米粉面团要充分松弛，以使米粉吸收足够的水分。

（3）包馅采用拢上法，要保证皮的厚度均匀一致。

（4）蒸制米粉面团制品生坯的时间不可过长，否则产品会使成品变形，甚至塌陷。

二、蜜枣粽子

1. 原料配方

糯米625g，蜜枣375g，鲜苇叶315g，水草40g，蜂蜜30g。

2. 制作过程

（1）将糯米淘洗干净，用冷水浸泡2h，倒入细竹笋筐中沥干水分待用。

（2）将鲜芦苇叶沸水煮至颜色变黄时，捞出冷水洗净。大叶每4个为一叠，小叶5个或6个为一叠，光面向上，水草泡软备用。

（3）取一叠芦苇叶，沿宽度方向逐页压好，将两端向中间折起，呈圆锥形斗，左手握住苇叶，右手放入20g糯米，上放3～4个蜜枣，再放20g糯米，盖住蜜枣，与斗口持平，将上部的苇叶按下包住斗口，用水草拦腰捆扎即成生坯。

（4）生坯放入锅内，倒入冷水以高出生坯5cm为准，加盖用旺火煮1.5h后，改用小火焖煮1h至熟，吃时剥去苇叶，浇上蜂蜜或撒上白糖。

注意：苇叶一定要煮至变色，否则，韧性不够，包制易断；捆扎时，生坯要扎紧，以免影响形状。

三、艾窝窝

1. 原料配方

糯米500g，米粉50g，白糖300g，青梅50g，芝麻50g，核桃仁50g，瓜子仁50g，冰糖150g，糖桂花50g，金糕250g。

2. 制作过程

（1）糯米团调制　将糯米淘洗干净，用凉水浸泡6h，沥净水后，上笼用旺火沸水蒸1h，取出放入盆中，浇入开水300g，盖上盆盖，浸泡15min，使糯米吸饱水分（俗称吃浆）。再将糯米饭捞入屉中，上笼蒸30min取出，入盆中捣烂成团，摊在湿布上晾凉即可。

（2）馅心调制　先将核桃仁用微火焙脆，搓去皮，切成黄豆大的丁；芝麻用微火焙黄擀碎；瓜子仁洗净焙熟；青梅切成绿豆大小的丁；金糕切成黄豆大小的丁待用；然后将以上原料连同白糖、冰糖渣、糖桂花合在一起拌匀即成馅。

（3）制品成形　先将大米粉蒸熟晾凉，铺撒在案板上，再放上糯米团揉匀后，揪成小剂，逐个按成圆皮，然后在每个圆皮上放入馅心，包成圆球形即成。

注意：糯米在蒸、泡过程中要吸足水分，蒸熟的糯米需捣烂；焙核桃仁、芝麻时，必须用微火，防止产生煳苦味。

四、赖汤圆

1. 原料配方

糯米500g，籼米150g，熟面粉50g，黑芝麻30g，白糖200g，熟猪油100g。

2. 制作过程

（1）将糯米、籼米一起淘洗干净，用清水浸泡至米粒松脆，然后再淘洗至水色清亮，磨成极细粉浆，用布袋挤干即可。

（2）馅心制作　将黑芝麻淘洗干净，用小火炒至酥香，碾成粉末，再与熟面粉、白糖、熟猪油擦匀，用滚筒压紧后切成1.2cm见方的小丁即可。

（3）生坯成形　将吊浆粉子加适量清水揉匀，分成小剂待用；再将每个小剂包入馅心1个，搓成光滑的小圆球形即可。

（4）制品熟制　将制品生坯下入沸水锅中煮至浮起，点清水1～2次，待汤圆柔软有弹性即可。

注意：大米浸泡时间应根据季节而定，一般冬季稍长，夏季稍短；煮汤圆时，水应保持沸而不腾。

五、雪媚娘

1. 原料配方

（1）主料　水磨糯米粉100g，玉米淀粉30g，绵白糖30g，牛奶180g，黄奶油10g。

（2）配料　炒熟（或微波炉打熟的）糯米粉适量（作扑粉用）。

（3）馅心　打发甜奶油、0.5cm厚戚风蛋糕坯、鲜芒果丁、鲜草莓丁各适量。

2. 制作过程

（1）将绵白糖倒入牛奶中，隔水加热至绵白糖溶化后冷却待用。

（2）将糯米粉和玉米淀粉混合均匀，倒入冷却后的牛奶中搅拌均匀成粉浆，静置

20min，使粉料与水充分融合，然后用密网过滤至瓷碗中。

（3）制皮　蒸锅烧开水，将粉浆碗放入蒸锅，旺火蒸制15～20min后取出，趁热加入黄奶油（也可用无色无味的橄榄油代替）搅拌均匀，戴上一次性手套将面团揉匀，包上保鲜膜放入冰箱冷藏10min。案板上铺上保鲜膜，用熟糯米粉作扑粉，将冷藏后的面团取出，戴上一次性手套将其搓条、切剂，每个25g，然后再用平杖擀成薄薄圆皮，即为雪媚娘的皮。

（4）成形　将擀好的圆皮放在蛋挞模具或稍厚的小纸碗中，用带圆嘴的挤袋装入打发的甜奶油，在圆皮的底部中心位置再挤入少许，再加入适量鲜芒果丁、鲜草莓丁，上面再盖上一小块戚风蛋糕，然后将圆皮拢起封口，使其呈圆球状，再将其封口朝下摆入小纸碗中，放入冰箱冷藏40min后取出装盘即可。

3. 操作要点

（1）将米粉浆用密网过滤的目的是使成品口感更加细腻爽滑。

（2）在擀皮的时候皮面会很黏手，可适当多放些熟糯米粉作扑粉。

（3）皮面要尽量擀得薄些，这样的成品会更加美观。

（4）馅心中的水果尽量选用草莓、芒果、香蕉、榴莲等软质水果，可与奶油和软薄的面皮相配。

第二节　油炸类面点制作

一、广式咸水角

1. 原料配方

（1）皮面料　糯米粉500g，温水600g，澄粉200g，热水180g，糖250g，猪油50g。

（2）馅料　猪肉200g，虾米25g，冬菇30g，葱、姜适量。

（3）调料　根据个人口味适量加入。

2. 制作过程

（1）制作面团　将热水倒入澄粉中，用馅匙搅拌，倒在案板上，揉搓成澄粉面团；将糖倒入糯米粉中，加入水，和成糯米面团；将糯米面团与澄粉面团揉搓在一起，加入猪油，继续揉搓均匀，盖上保鲜膜，防止风干。

（2）制馅　将猪肉切成片，改刀成条，再切成肉丁，最后剁成肉碎，放入盘中。将冬菇切成片，改刀成条，再切成丁，放入盅中。将葱切成条，改刀成葱花，放入盘中。把姜切成片，改刀成丝，再切成碎末，放入盅中。勺内放入色拉油，放入姜末、葱花翻炒几下，加入猪肉馅，继续翻炒，加入酱油、水翻炒，再加入鸡精、精盐、花椒面继续翻炒，加入冬菇丁翻炒，加入水继续翻炒，加入虾皮翻炒，加入水淀粉，继续翻炒，放入容器内。

（3）制剂、包馅　取出面团，分成两份，分别搓成长条形状，分成面剂，盖上保鲜膜。分别将面剂揉回、按扁，捏成面皮，放上馅心，包成饺子状。

（4）熟制　放入锅内油炸，当表面炸成全黄色时捞出，放入盘内即可。

二、香麻炸软枣

1. 原料配方

糯米粉500g，澄面120g，沸水250g，白糖100g，猪油50g，莲蓉馅400g，白芝麻200g。

2. 制作过程

（1）制作面团　将澄面、糯米粉加白糖用沸水调制在一起，制成面团。

（2）下剂　每个剂子25g。

（3）包馅　包入豆沙馅，表面粘上白芝麻。

（4）熟制　锅内放入油预热，然后放入生坯，油炸至浮起成金黄色即可。

三、三河米饺

1. 原料配方

籼米粉500g，猪五花肉300g，葱末50g，酱油豆腐干150g，姜末15g，味精5g，酱油150g，精盐25g，干淀粉10g，熟猪油10g，菜籽油500g。

2. 制作过程

（1）馅心调制　将猪五花肉、酱油豆腐干均切成0.5cm见方的小丁；在锅中加入猪油烧热，下入肉丁、酱油豆腐干丁煸炒至肉变色，再加入姜末、葱末、精盐10g、味精、酱油烧至入味后勾芡起锅即可。

（2）粉团调制　将籼米粉与精盐、水炒拌均匀，待水分被米粉完全吸干后出锅，倒于案板上揉匀即可。

（3）生坯成形　将揉好的粉团下剂子，用刀压成直径7cm的圆形皮子，包入馅心20g，然后捏成饺子形状即可。

（4）熟制　将色拉油倒入锅中烧至200℃时，逐一下入制品生坯炸至色泽金黄即成。

四、大麻球

1. 原料配方

（1）坯料　水磨糯米粉300g，泡打粉10g，小苏打1.5g，绵白糖100g，水200g。

（2）配料　白芝麻200g（装饰用）。

2. 制作过程

（1）取200g糯米粉加200g水和成米粉面团，再分成6个均匀的小面剂，入沸水锅中大火煮5~6min至面团浮起。

（2）将面团捞出放在剩余的糯米粉内，一并倒入搅拌缸中，快速打成雪花状，再加入泡打粉、小苏打和绵白糖，揉成面团，盖上湿毛巾松弛30min。

（3）成形　取150g面剂团成圆球状，放入白芝麻里滚，粘75~100g白芝麻，用双手将生坯团紧实。

（4）生坯熟制　用120℃的油温边浸炸边用手勺不断轻轻挤压，压制时动作要快、用力要均匀，炸至麻球浮起，将油温升高至140℃，边炸边挤压，待麻团涨发至生坯的6倍大、外皮硬脆时即可，整个成熟过程需要20~30min。

（5）装盘　将大麻球捞出控油，轻轻放在小碗上面，然后一并摆于盘上即可。吃时在麻球下面接个盘子，用分餐刀轻轻敲一下，球体就碎裂成片，分食即可。

3. 操作要点

（1）下油锅炸制时的油温必须控制在120℃，若油温过高，表皮会迅速结牢，就不能涨发；若油温过低，在用手勺挤压的过程中麻球表皮会破，并且芝麻也会脱落。

（2）挤压炸制时用力要均匀，且不能太用力，否则麻球膨胀不均匀或表皮易被压破。

（3）如果在挤压炸制的过程中有破了的洞，可以把这个洞翻到最下面，同时用手勺把里面的面压到下面将洞堵上。

第 **9** 章

其他面团类面点制作

◎ 学习目标

1. 掌握杂粮面团类面点制作。
2. 掌握澄粉面团类面点制作。
3. 掌握果蔬面团类面点制作。
4. 掌握冻羹类面点制作。

第一节 杂粮面团类面点制作

一、窝窝头

1. 原料配方

细玉米面400g，黄豆粉100g，白糖250g，糖桂花10g，小苏打1g，温水150g。

2. 制作过程

（1）面团调制　将细玉米面、黄豆粉混合后，放在案板上围成塘坑，放入白糖、糖桂花，分次加入温水搅和均匀，待糖溶解后，加入小苏打，掺入细玉米面、黄豆粉，使面团柔韧有劲。将面团揉匀后搓成直径2cm的圆条，揪成80个剂子。

（2）生坯成形　用右手蘸冷水，擦在左手掌心，将剂子放在左手手心，用右手指揉捻几下，用双手揉成圆球形状，放在左手手心里。

用右手手指蘸冷水，在圆球中间钻一个小洞，边钻边转动面团，左手拇指及中指同时协同捏拢，使洞口由小变大，由浅变深，并将窝窝头端捏成尖形，直到面团厚度有0.4cm，内壁外表均光滑。

（3）生坯熟制　将捏好的窝窝头摆入蒸笼内，用旺火蒸10min即成。

二、莜面卷

1. 原料配方
莜面，水。

2. 制作过程

（1）面团调制　莜面加水揉成团，面水大概1∶1的比例，然后醒一段时间。

（2）生坯成形　菜刀刀背上抹少许油，揪出一小撮面团，在手掌中揉圆，压扁，放在刀背上，用擀面杖擀成牛舌状。顺势卷起来，接口捏死。

（3）生坯熟制　做的一个个小卷码在屉帘上。蒸锅烧开后，大火蒸15min。

三、豌豆黄

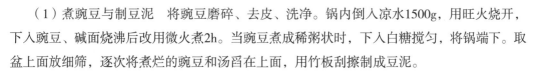

1. 原料配方

白豌豆500g，白糖350g，碱面1g。

2. 制作过程

（1）煮豌豆与制豆泥　将豌豆磨碎、去皮、洗净。锅内倒入凉水1500g，用旺火烧开，下入豌豆、碱面烧沸后改用微火煮2h。当豌豆煮成稀粥状时，下入白糖搅匀，将锅端下。取盆上面放细筛，逐次将煮烂的豌豆和汤舀在上面，用竹板刮擦制成豆泥。

（2）炒豆泥　把豆泥倒入锅里，在旺火上用木板不断地搅炒，勿使煳锅。可随时用木板捞起试验，如豆泥往下流得很慢，流下的豆泥形成一堆，并逐渐与锅中的豆泥融合（俗称"堆丝"）时即可起锅。

（3）成形　将炒好的豆泥倒入白铁盘子（约32cm长、17cm宽、2.3cm高）内摊平，用净纸盖在上面，晾5～6h，再放入冰箱内凝结后即成豌豆黄（食用时揭去纸，将豌豆黄切成小方块或其他形状，摆入盘中即可）。

3. 操作要点

（1）制作豌豆黄讲究用白豌豆。

（2）碎豆瓣在锅中刚煮沸时，需将浮沫撇净，做出的豌豆黄颜色才纯正。最好不用勺搅动，以免豆沙沉底易煳。

（3）煮豌豆不宜用铁锅，因为豌豆遇铁器易变成黑色。

（4）豆泥要炒至老嫩适中。炒得太嫩（水分过多），凝固后不易切成块；炒得太老（水分过少），凝固后又会产生裂纹。

四、南瓜饼

1. 原料配方

糯米粉250g，熟南瓜200g，白糖100g，猪油50g，莲蓉适量。

2. 制作过程

（1）调制面团　将熟南瓜放入容器内捣碎，放入白糖，搅拌几下，加入猪油，搅拌均匀，加入一半糯米粉，搅拌均匀，加入剩余的糯米粉，搅拌均匀，倒在案板上，撒上面粉，揉成面团。

（2）下剂、包馅、成形　将莲蓉搓成长条形状，揪成剂子，切一块面团，搓成长条，揪成面剂，将面剂揉圆、按扁，放入莲蓉，包住，揉圆，放在案板上，做成南瓜形。

（3）熟制　平底锅内倒入色拉油，烧热，放入南瓜饼，采用半炸半烙的成熟方法制熟，当一面变成金黄色时，翻面继续烙制；当另一面也变成金黄色时，将南瓜饼放入漏勺内，再放入盘内。

五、玉米饼

1. 原料配方

玉米面500g，面粉100g，白糖100g，鸡蛋3个，吉士粉10g，泡打粉10g，玉米粒半瓶。

2. 制作过程

（1）调制面糊　将面粉和玉米粉拌匀，再加吉士粉、泡打粉拌匀，加入白糖、鸡蛋、玉米粒，加少许温水搅成稀糊状。

（2）醒发　醒发15min。

（3）熟制　用勺或挤花袋放入锅内，摊平，烙至金黄色即可。

六、绿豆饼

1. 原料配方

绿豆320g，精面粉170g，熟猪油55g，白糖256g，冷水适量。

2. 制作过程

（1）馅心调制　将绿豆去净杂质，浸水4h，捞起放入锅中，加入1000mL水，先用旺火烧沸，后用小火煮约1h，盛入淘箩，下置大盆，用手搓擦绿豆。边擦边放水，搓去豆壳流出细豆沙。细豆沙静置盆中后撇去上面冷水，将细豆沙倒入纱布袋，再放入水中，洗出细豆沙，沉淀后，撇去上面冷水，将细豆沙倒入布袋扎紧，挤干水分。炒锅置小火上，倒入细豆沙，加入250g白糖，焙干盛入盆中成馅心。

（2）面团调制。

① 水油面调制：取过筛的面粉100g放在案板上，开窝，将6g白糖溶入40mL冷水，倒入面粉中，搓成团，再放入20g熟猪油搅匀，搓至面团光滑起筋，成水油面。

② 干油酥调制：取过筛面粉70g放案板上，开窝，放入35g熟猪油搓匀，搓至面团纯滑

起筋，成酥心。

（3）生坯成形 将水油皮搓成条，摘成15块面剂，将酥心也分为15块，每块水油皮包入酥心一份，压扁，擀成长条，再卷成圆筒形，每筒揪成两块，压扁后各包入绿豆沙，做成扁圆形生坯。

（4）生坯熟制 烤盘刷油，将绿豆饼生坯面向烤盘，收口向上，摆入烤盘，入炉用180℃烤至金黄色时，取出烤盘，逐个将绿豆饼翻身，再入炉，稍烤至底部上色即可。

七、藕粉圆子

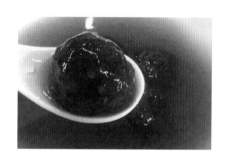

1. 原料配方（以60只计）

（1）坯料 纯藕粉500g。

（2）馅料 杏仁25g，松子仁25g，核桃仁25g，白芝麻35g，蜜枣35g，金橘饼25g，桃酥75g，猪板油100g，绵白糖50g。

（3）汤料 冷水1.5L，白糖150g，糖桂花10g，粟粉15g。

2. 制作过程

（1）馅心调制 将金橘饼、蜜枣、桃酥切成细粒；杏仁、松子仁、核桃仁分别焙熟碾碎；芝麻洗净、小火炒熟碾碎；猪板油去膜剁蓉。将上述馅料与白糖拌匀成馅。搓成0.8cm大小的圆球60个，放入冰箱冷冻备用。

（2）生坯成形 将冻好的馅心取一半放入装藕粉的小匾内来回滚动，粘上一层藕粉后，放入漏勺，下到开水中轻轻一蘸，迅速取出再放入藕粉匾内滚动，再粘上一层藕粉后，再放入漏勺，下到开水中烫制一会，取出再放入藕粉匾内滚动。如此反复五六次即成藕粉圆子生坯。再取另一半依法滚粘。

（3）生坯熟制 将生坯放入温水锅内，沸后改用小火煮透，用适量冷水拌制的粟粉勾琉璃芡。出锅前在碗内放上白糖、糖桂花，浇上汤汁，然后再盛入藕粉圆子。

八、南瓜包

1. 原料配方

（1）坯料 去皮老南瓜100g，澄粉50g，糯米粉100g，黄奶油30g，炼乳20g。

（2）馅心 京糕丁40g，豆沙馅50g，蒸熟南瓜丁50g。

（3）配料 可可粉少许（装饰用）、色拉油适量。

2. 制作过程

（1）面团调制　分别将皮面和馅心中使用的南瓜切成条和小丁，摆在铺有保鲜膜的蒸屉上面，表面再盖上一层保鲜膜，用旺火蒸制20min至熟，趁热取出，用搅拌机将皮面用的南瓜打成泥（或装入保鲜袋中，用走槌将其压成泥），倒在案板上，再趁热分次加入澄粉、糯米粉揉匀，然后依次加入黄奶油和炼乳，用手揉匀即为南瓜蓉面团，盖上保鲜膜松弛10min。

（2）制馅　将蒸熟的南瓜丁和京糕丁、豆沙馅一并放入盆中，用手轻轻搅拌均匀即可，然后分成8g/个的剂子。

（3）生坯成形　将皮面分成20g/个的面剂，用手轻轻按成圆饼，将馅心包入中间，封口呈圆球状，再整理成南瓜形状，侧面用扁匙的侧面压出南瓜的纹路，顶部中间按一小窝，取一小块南瓜面团加入少许可可粉擦匀捏成南瓜的梗插在上面（也可插上一个葡萄干作为南瓜的梗），即为南瓜包的生坯。

（4）生坯熟制　蒸屉表面刷油或摆上胡萝卜片，将生坯摆入屉内，旺火蒸制10min即熟，取出摆入盘中即可。

3. 操作要点

（1）蒸制南瓜时，要用保鲜膜封上，是为了减少其中的含水量。

（2）蒸制南瓜一定要蒸熟、蒸透，否则在制南瓜泥时不够细腻。

（3）南瓜馅中的南瓜和京糕要切成小而均匀的丁。

（4）蒸制的时间不可过长，否则成品容易变形。

九、麻油绿豆糕

1. 原料配方

绿豆粉500g，糯米粉200g，细砂糖100g，牛奶约400g，蜂蜜50g，麻油约100g。

2. 制作过程

（1）筛粉　将绿豆粉用细网筛过两遍，然后与糯米粉混合均匀，再筛一遍，以使两种粉均匀混合。

（2）将过筛后的粉装入大碗中，表面盖上一层保鲜膜，放在盛有水的大盆中，送入蒸锅旺火蒸制30min，取出，待稍冷却后，用走槌擀碎后再过一遍筛，使粉质细腻，将粉装入盆中待用。

（3）锅内倒入200g牛奶和细砂糖，加热至糖溶化，趁热倒入粉中，快速搅拌均匀；然后再分次加入蜂蜜和剩余的牛奶，搅拌均匀，再分次加入适量的麻油，用手将粉团揉匀。

（4）将粉团分成40g/个的面剂，用模具卡出规则的形状即可。

3. 操作要点

（1）绿豆粉最好是选用脱皮的，如果没有脱皮的就要选择磨得很细腻的，否则会影响成品的质量。

（2）麻油要适量加入，但不可放得过少，否则成品口感会很干。

（3）要控制好生坯的醒发程度，否则影响成品质量。

（4）在添加牛奶时要控制好粉团的软硬程度，不可使粉团过软，否则不易成形。

（5）做好的绿豆糕密封放入冰箱，冷藏之后的风味更佳。

第二节　澄粉面团类面点制作

一、虾饺

1. 原料配方

（1）皮面料　澄粉300g，生粉100g，精盐4g，热水400g，猪油25g。

（2）馅料　鲜虾肉400g，猪肥膘肉100g，冬笋50g，香油5g，味精5g，胡椒粉1g，白糖3g，盐2g。

2. 制作过程

（1）烫面　将清水烧开，倒入澄粉中，迅速用擀面杖搅匀至熟，放在案子上，稍凉，分次加入15g猪油，搓擦均匀，即成澄粉面坯。

（2）制馅　将鲜虾肉用布吸干水分，放在菜板上用刀背剁烂成泥，肥膘肉煮熟捞出，用冷水冲凉，切成长1cm的丝，冬笋切成长1cm的细丝。将剁好的虾泥放入盆内，加盐10g，用手搅至虾胶上劲而有韧性后放入笋丝、熟肥膘肉丝搅拌均匀，再加入猪油、白糖、味精、香油、胡椒粉调匀备用。

（3）搓条、下剂、制皮　条粗直径15cm，切成每个重75g的剂子。用小方刀压出一边稍厚、一边略薄的回形皮子。

（4）上馅、成形　左手拿皮子，右手抹入重10g左右的馅心，皮子的薄边向外，左手指推，右手捏成外边有均匀长褶的梳背形饺子生坯。

（5）熟制　旺火沸水蒸5min即可。

二、椰汁千层马蹄糕

1. 原料配方

A. 椰浆粉浆原料：马蹄粉65g，椰浆120g。

B. 椰浆糖水原料：冰糖65g，椰浆150g，清水100g。

C. 红糖浆粉浆原料：马蹄粉65g，清水120g。

D. 红糖糖水原料：红糖65g，清水250g。

2. 制作过程

（1）将A项和C项中的两份65g马蹄粉分别放入两个碗中，分别加入120g椰浆和120g清水，用蛋抽搅拌均匀待用。

（2）将B项中的65g冰糖放入锅中，加入150g椰浆和100g清水，旺火煮沸至糖溶化后关火冷却至80℃左右，将步骤1中的椰浆粉浆再次用蛋抽搅拌均匀（防止沉淀），慢慢倒入稍冷却的椰浆糖水中，边搅拌边用蛋抽搅拌均匀，混合搅拌好的椰浆粉浆呈稀浆状态。

（3）重复上一步的操作，将C项的红糖粉浆加入D项的红糖糖水中，制作成红糖粉浆。

（4）成形、成熟。取一个方形的容器，底部和侧面均涂一层黄奶油，以方便脱模，用手勺盛一勺红糖粉浆浇一层薄薄的在底部，然后盖上盖子，放入蒸锅中旺火蒸制3min至马蹄糕成熟，然后加入第二勺椰浆粉浆浇在第一层马蹄糕上面，再继续蒸至粉浆成熟，依此类推，交换着一层层浇、蒸至粉浆成熟。

（5）浇入的粉浆层次越多，马蹄糕越厚，蒸制的时间就要延长才能成熟，最后一层蒸制时间大约需要15min，直到马蹄糕完全熟透为止（可用筷子插入马蹄糕中间，抽出筷子时没有带出粉浆糊即可）。

（6）装盘　将蒸好的马蹄糕取出冷却，然后用快刀将其切成小块摆入盘中即可。

3. 操作要点

（1）调制的粉浆不可过稠，应为稀浆状态，否则成品层次不清晰。

（2）蒸制时间要控制好，要使每一层均蒸制成熟后再倒入下一层。

（3）要控制好每层粉浆的量，使每层的厚度都是均匀的才美观。

（4）切块装盘时要待马蹄糕冷却后再切，否则成品易碎，影响美观。

第三节　果蔬面团类面点制作

一、枣泥拉糕

1. 原料配方

（1）自制枣泥　新疆大红枣600g，清水适量。

（2）枣泥拉糕原料　自制枣泥150g，糯米粉150g，黏米粉50g，绵白糖40g。

（3）配料　猪油少许（涂抹容器用）。

2. 制作过程

（1）自制枣泥　将红枣洗净用清水没过红枣浸泡6h，然后将红枣连水直接上锅，大火蒸30min至枣酥烂取出。将红枣去核去皮，放入料理机中打成糊状即成枣泥，取150g备用，其余的枣泥可冷冻贮存。

（2）调制面团　将糯米粉、黏米粉和绵白糖一并过筛，装入盆中，加入自制枣泥，搅拌均匀，缓慢加入红枣水，边加边搅至面团呈缓慢流动的糊状即可。

（3）生坯熟制　取平底方盘，将底部和侧面均匀涂抹一层猪油，将面糊倒入其中约2cm厚，墩平，方盘上封上保鲜膜，放于蒸锅中，旺火蒸制30min即熟。

（4）摆盘　将蒸熟的枣泥拉糕冷却后脱模，用刀切成菱形块，摆入盘中即可。

3. 操作要点

（1）红枣要蒸透才能尽量多地取出枣泥，去核去皮可使用漏筛来过滤，这种方法制得的枣泥比较细腻。

（2）若枣泥水分过大，可将其用炒锅加少许猪油炒制、炒香并脱去部分水分，但一定要注意火候，不可以炒煳。

（3）此配料中可加入50g左右的豆沙进去，这样会使成品的颜色更漂亮。

（4）要掌握好面团的软硬程度，否则会影响成品的外观和口感。

（5）在切制成形装盘时，刀上要沾水切，否则会粘刀，通常将其切成菱形比较美观，上面也可点缀几粒烤熟的松仁，既美观又营养。

（6）此品种冷热食用皆可，可冷却后切块装盘食用，也可切好后放入冰箱冷藏，上桌前盖上保鲜膜加热后装盘食用。

二、椰子球

1. 原料配方

（1）原料　全蛋180g，绵白糖100g，无水酥油（熔化）40g，奶粉90g，椰子香粉5g，吉士粉6g，椰蓉320g。

（2）配料　蛋黄液适量（装饰用）。

2. 制作过程

（1）面团调制　将蛋液倒入盆中，加入绵白糖搅拌至糖溶化，再分次加入熔化后的无水酥油搅拌均匀，然后依次加入奶粉、椰子香粉、吉士粉和椰蓉，调制成椰蓉面团。因为面团偏软，可将调好的面团放入冰箱内冷藏1h。

（2）生坯成形　待面团稍硬后取出，分成10g/个的面剂，用手掌搓成小圆球，摆在烤盘上，表面刷两遍蛋黄液即为椰子球的生坯。

（3）生坯熟制　烤炉升温至180℃，将生坯入炉烤制，大约13min，表面呈金黄色即熟。

3. 操作要点

（1）无水酥油熔化后要稍冷却后再使用。

（2）调制的面团软硬程度要用椰蓉来调整。

（3）若调制的椰蓉面团黏手，可在手上沾一点清水再分剂操作。

第四节　冻羹类面点制作

一、牛奶布丁

1. 原料配方

牛奶250g，细砂糖30g，全蛋2个，淡奶油60g，清水适量。

2. 制作过程

（1）将牛奶倒入锅中，加入细砂糖，搅拌均匀，加热煮至细砂糖溶解，放置冷却待用。

（2）将鸡蛋磕入盆中打散，慢慢加入淡奶油，搅拌均匀，再将冷却的牛奶慢慢加入，搅拌均匀，用密网过滤后倒入耐烘烤的小杯中，将小杯摆入烤盘中，烤盘中添加适量的清水。

（3）生坯熟制　炉温调至150℃，入炉隔水烤制，烤制约30min，待液体凝固即熟。

3. 操作要点

（1）煮制牛奶和细砂糖要不停地搅动，否则易煳锅底。

（2）搅打蛋液以打散为度，不要打起泡。

（3）烤制时间要控制好，不可过老或过嫩。

（4）此鸡蛋布丁可趁热食用，也可以放入冰箱冷藏食用，口味均很好。

二、木瓜椰奶冻

1. 原料配方

鲜木瓜1个，椰浆50g，牛奶25g，淡奶油20g，砂糖12g，鱼胶片5g。

2. 制作过程

（1）将鲜木瓜洗净，从顶头1/5处切开露出里面的籽，用长柄小勺仔细将籽全部挖出备用，再将鱼胶片用冷水泡至变软待用。

（2）锅中倒入椰浆、牛奶、淡奶油和砂糖，小火煮至微沸，关火，将提前泡软的鱼胶片放入椰浆中搅拌均匀至鱼胶片溶化，冷却。

（3）将冷却的椰浆倒入木瓜中并使木瓜保持直立，盖上瓜蒂部分，用牙签固定住，送入冰箱冷藏3h，取出切块即可。

3. 操作要点

（1）要将木瓜中的籽挖干净，否则会影响美观。

（2）鱼胶片要泡软后再使用。

第 **10** 章
宴席面点配备

◎ 学习目标

1. 了解宴席面点配备的原则。
2. 了解宴席面点配备的方式。
3. 掌握面点配色、盘饰与围边。

第一节　宴席面点配备的原则

俗话说"无点不成席"，这说明面点是宴席中不可分割的部分，在宴席中具有相当重要的地位。所以，要重视并掌握面点在宴席中的配备原则和配备方法，充分发挥其在宴席中的作用。

宴席面点配备一般需要遵循以下几个基本原则。

一、根据宾客的特点配备面点

在配备宴席面点时，应首先了解并掌握赴宴宾客的国籍、民族、宗教信仰、职业、年龄、性别、体质及饮食特点、风俗习惯及嗜好忌讳，并据此确定面点品种。首先，配备宴席面点应从了解宾客的饮食习惯入手。

因宾客由国内和国外两部分构成，宴席面点需根据具体情况考虑。

1. 国内宾客的饮食习惯

我国各地人民形成了自己的饮食习惯和口味爱好，总体来讲是"南米北面""南甜、北咸、东辣、西酸"。南方人一般以大米为主，喜食米类制品，面点制品讲究精巧、小巧玲珑，口味清淡，以鲜为主，北方人一般以面食为主，喜食油重、色浓、味咸和酥烂的面食，口味浓厚，以咸为主。

各少数民族由于生活习惯、饮食特点各不相同，对主食面点也各有各自的特殊要求，如回族同胞以牛羊肉为馅心原料，蒙古族同胞喜爱奶茶，朝鲜族同胞喜食冷面、打糕。

2. 国际宾客的饮食习惯

随着国际交流增多，中国旅游业的迅猛发展，来华的国际友人逐年增多，因此，掌握他们的饮食习惯也显得尤为重要。如美国人喜食烤面包、荞麦饼、水果蛋糕、冻甜面点等，法国人喜吃酥点、奶酪、面包，瑞典人喜食各种甜面点、奶油制品，英国人早餐以面包为主，辅以火腿、香肠、黄油、果汁及玉米饼，午饭吃色拉、糕点、三明治等，晚饭以菜肴为主，主食吃得很少，意大利人喜食面食，意大利的通心粉全球知名，俄罗斯人的主食是面包，德国人喜食甜面点，尤其是用巧克力酱调制的面点，日本人喜食米饭，也喜欢吃水饺、馄饨、面条、包子等面食，朝鲜人的主食是米饭、杂粮，爱吃冷面、水饺、炒面、锅贴、打糕等面食，泰国人的主食是米饭，喜食咖喱饭、米线，印度人喜食米饭及黄油烙饼等。

二、根据宴席的主题配备面点

不同的宴席有着不同的主题。配备宴席面点时，应尽量了解设宴主题与宾客的要求，以便精选面点品种，这样做既紧扣了宴席主题，又使宴席面点的配备贴切、自然。例如婚宴喜庆热烈，可配备"大红喜字""龙凤呈祥""合欢并蒂""鸳鸯戏水"等象形图案的裱花蛋糕，以及鸳鸯酥盒、莲心酥、鸳鸯包或船点等象形面点品种，以增加喜庆气氛，寿宴如意吉祥，可选择配备寿桃蒸饺、豆沙寿桃包、寿桃酥、伊府寿面等品种，还可以精心制作一些诸如"松鹤延年""寿比南山""南极仙翁""麻姑献寿"等裱花蛋糕。

三、根据宴席的规格配备面点

宴席的规格有高档、中档、普通三种档次，因此，宴席面点的配备也有档次之别。宴席面点的质量差别和数量差异取决于宴席的规格档次。面点只有适应宴席的档次，才能使席面的菜肴质量与面点质量相匹配，达到整体协调一致的效果。

四、根据地方特色配备面点

我国面点的品种繁多，每个地方都有许多风味独特的面点品种，在宴席中配备几道地方名点，既可使客人领略地方食俗，增添宴席的气氛，又可体现主人的诚意和对客人的尊重。

五、根据时令季节配备面点

一年有春夏秋冬四季之分，宴席有春席、夏筵、秋宴、冬饮之别。不同的季节，人们对饮食的要求不尽相同，即"冬厚夏薄""春酸、夏苦、秋辣、冬咸"。要根据季节气候变化选择季节性的原料制作时令面点，配备宴席面点。如春季可做春饼、炸春卷、荠菜包子、鲜笋虾饺等品种，夏季可做生磨马蹄糕、杏仁豆腐、豌豆黄、鲜奶荔枝冻等品种，秋季可做蟹黄灌汤包、菊花酥饼、蜂巢香芋角等品种，冬季可做腊味萝卜糕、萝卜丝酥饼、梅花蒸饺、八宝饭等品种。在制品的成熟方法上，也因季节而异，夏、秋多用蒸、煮或冻等方法，冬、秋多用煎、炸、烤、烙等方法。

六、根据菜肴的烹调方法不同配备面点

一桌宴席的菜肴采用不同的烹调方法，可使菜肴彰显不同特色。宴席面点的配备应根据具体菜肴的烹调方法所形成的特色选择合适的面点品种，使其口感和谐统一或对比鲜明。如

烤鸭常配鸭饼，白汁鱼肚常配菠饺，虫草老鸭汤常配发面白结子。

七、根据面点的特色配备面点

面点的特色从色、香、味、形和器皿、质感、营养等方面来体现，具体而言，可以从以下几个方面考虑。

（1）颜色方面，面点与菜肴之间色彩相互衬托，和菜肴搭配时，应以菜肴的色为主，以面点的色烘托菜肴的色，或顺其色或衬其色，使整桌宴席菜点呈现统一和谐的风格。

（2）香气方面，在配备宴席面点时，应以面点的本来香气为主，并以能衬托对应菜肴的香气为佳。

（3）口味方面，一般是咸味菜肴配咸味面点，甜味菜肴配甜味面点。

（4）形状方面，面点制品食用性与欣赏性的有机结合，更能增添宴席的气氛，在宴席面点的配备中应坚持实用为主的原则，采用恰当的造型扣紧主题，衬托菜肴，美化宴席。

（5）器皿的选择要符合面点的色彩与造型特点并对菜肴起烘托作用。

（6）宴席菜点的质感多样化，既可体现宴席的精心制作过程，又可带给人们美的享受。

（7）宴席面点在选择、加工制作时除注重单份面点品种的营养搭配外，还应考虑与整桌宴席菜肴营养的数量、比例搭配是否协调。

八、根据年节食风配备面点

中国面点讲究"应时应景"。如果举办宴席的日期与某个民间节日相近，面点也应该做相应的安排。如清明配青团，端午节配粽子，中秋节配月饼，元宵节配汤圆，春节配年糕、春卷、饺子等。

第二节　宴席面点配备的方式

一、宴席面点的配备应与菜肴及宴席的规格档次要求一致

在配备宴席面点时，面点在数量上应和宴席的菜肴要求一致。面点的数量过多，就显得喧宾夺主；过少，则显得单薄。面点在质量上要和宴席的规格保持一致，提高质量和降低质量都不合适。

（1）高档宴席　一般配面点6～8道，其选料精良，制作精细，造型精巧，风味独特。

（2）中档宴席　一般配面点4~6道，其选料讲究，口味纯正，造型别致，制作恰当。

（3）普通宴席　一般配面点2道，其用料普通，制作一般，具有简单造型。

二、宴席面点配备应多样化

配备宴席面点时要在口味、造型方法和成熟方法等方面有不同的变化，以求达到不同的色、香、味、形的要求，使面点更好地和宴席菜肴相互映衬。

1. 口味多样

面点的口味由面皮和馅心的口味决定。面点在口味上不仅要甜咸搭配、荤素搭配，还要酥脆搭配、软糯搭配、甘鲜搭配、松化与回味搭配。要根据不同的原料，制作不同的馅心，搭配不同口感的面皮，使其相互配合，丰富多彩。

2. 造型方法多样

面点的造型方法是多种多样的，在配备一组面点时，应避免造型重复，保证造型多样化。

3. 成熟方法多样化

面点的成熟方法有蒸、炸、煎、煮、烤、烙以及复合成熟法等多种成熟方法对面点的口感有直接的影响，因此配备面点时，选择面点品种时应该考虑到不同的成熟方法。

4. 灵活性原则

这是指面点的配备要根据客人的特点和时令的变化灵活安排，既要考虑到客人的民族、饮食习惯和职业、年龄、性别，主宾设宴的目的，也要适应四季的变化和年节的变化。灵活性原则的自如运用，可以使面点为整个宴席增色。

三、宴席面点在配备时要以菜肴为主，面点为辅

在配备宴席面点时，要根据宴席的规格档次配备面点，以菜肴为主，面点为辅，使面点达到衬托菜肴、调节口味及口感的目的。

四、宴席面点在配备时要与菜肴穿插上桌

宴席配备的面点主要是起衬托作用，一定要和菜肴穿插上桌，方能更好地体现和突出菜肴的美味和一桌宴席的韵律。面点如提前上桌，客人吃饱了面点，就不能好好品尝菜肴，如

果餐后才上面点，客人先只吃凉菜和热菜，根本不能仔细地品尝面点，无韵律可言。

五、宴席面点在配备时要做到菜点结合，把握好上桌时机

宴席面点的配备要注意菜肴的上桌时机，菜点结合，不可提前或延迟。如樟茶鸭要配荷叶饼，一定要让荷叶饼和樟茶鸭一起上桌。高档的宴席，可以在上了三个热菜之后上一个面点品种，以烘托和延续宴席的档次。

六、宴席面点可以配备羹汤等甜品

宴席面点可以配备羹汤等甜品，但一定要和菜肴相互配合，如果面点要配备羹汤等甜品，可以让菜肴的汤提前上桌，而面点的羹汤甜品起压桌、收菜之效，此甜品应在上果盘前上桌，不可在上果盘后上桌。

第三节　面点配色、盘饰与围边

一、面点配色、盘饰与围边的作用

面点的盘饰与围边主要是指用各类可食用的原料通过细致的加工与创意所形成的作品造型。对盘边进行装饰，既能烘托菜肴、提升菜肴档次，又能给食客美的享受。面点盘饰是面点制作必不可少的技能。

盘饰就是盘子的装饰，围边是对面点的装饰，其作用一是增加美感；二是增加食欲；三是提升宴席的档次。

面点盘饰与围边以面塑为主要的形式，也可以用果蔬雕刻、花卉等装饰。不管是中式还是西式的面点，在呈送顾客之前，都常以围边、碟头摆件作为装饰，其作用可使面点更精致、更富有美感，最重要的是可以突出宴席的主题，赋予面点及宴席更具人性化的意义。

二、色彩的选择与应用

不同色彩的面点给人以不同的感受。色彩有冷暖之别，冷色给人以清淡、凉爽、沉静的感觉，暖色给人以温暖、明朗、热烈的感觉。

1. 色彩的定调

面点盘饰、围边一定要和面点有主次之分，明确面点的色彩冷暖之分，这是盘饰的首要条件。

2. 确定底色

确定底色，就是在构图时，要根据色彩的对比和所盛面点的色彩，选择适当的盛器。面点的造型美离不开餐具的烘托。

3. 应用对比色彩

色彩的对比，就是将不同的色彩互相映衬，使各自的特点更鲜明、更突出，给人更强烈、更醒目的感受。当然，处理不当时，也容易产生杂乱炫目的结果。

三、面点盘饰、围边的特点

面点盘饰、围边对于面点制作既有关联又有区别。

1、用料以面点原料为主

面点装饰、围边的主要原料是面点原料，如澄面、土豆泥、巧克力酱、果酱等，同时，实际制作中也使用果蔬雕刻及花卉等作为装饰和围边的原料。

2、制作工艺简单快捷

面点盘饰和围边是为了衬托面点制品，因此盘饰和围边要简洁明了，制作工艺要简单快捷。

3. 美化效果明显

面点盘饰和围边是为面点制品的色彩、形状锦上添花，使色彩、形状平庸的面点绽放异彩，所以，面点盘饰使用得当，可起到画龙点睛之效。

四、面点盘饰、围边的应用原则

利用面点盘饰、围边美化菜肴，应遵循以下几条原则。

1. 实用性原则

一是需要进行面点盘饰、围边的菜肴，才能进行面点盘饰、围边，不能"逢菜必饰"，避免画蛇添足；二是主从有别，特别要注意克服花大力气进行华而不实、喧宾夺主式的面点盘饰、围边；三是要克服为装饰而装饰的唯美主义倾向；四是提倡在面点盘饰、围边中多选用能食用的原料，少用不能食用的原料，禁止使用危害人体安全的原料。

2. 简约化原则

面点盘饰、围边的内容和表现形式要以最简略的方式达到最佳的美化效果。繁杂、琐碎的面点盘饰、围边不是最美的，但也不是说装饰原料用的越少越好。面点盘饰、围边的简约化原则是要使盘饰、围边成为面点的"点睛之笔"，要以少胜多，要少而精，恰到好处。

3. 鲜明性原则

面点盘饰、围边要以形象的、具体的感性形式来表现面点的美感。在面点盘饰、围边时，要善于利用装饰原料的颜色、形状、质地等属性，在盘中摆放出鲜明、生动、具体的图形。

4. 协调性原则

面点盘饰、围边自身装饰造型及与面点、餐盘的搭配要和谐、协调。首先，面点盘饰、围边自身的装饰造型、色彩及与餐盘之间应该是和谐的，其次，面点盘饰、围边应该在面点装盘之前根据面点的需要进行设计，要充分考虑到面点主体和盘饰、围边相互之间在表达主题、造型形式及原料选择上的联系，使盘饰与面点成为一个有机联系的整体。

五、面点盘饰、围边的构图方法

根据盘饰的空间构成形式及其性质，盘饰可以分为平面装饰、立雕装饰、套盘装饰和面点互饰四类。

1. 平面装饰的构图方法

平面装饰又称面点周边装饰，可以用面塑、水果、蔬菜装饰，是利用原料的性质、颜色和形状，采用一定的技法将原料加工成形，在餐盘中适当的位置上组合成具有特定形状的平面造型。平面装饰可以采用全围式（沿餐盘的周围拼摆花边）、象形式（如宫灯形、金鱼形、梅花形、花环形、葫芦形、桃形、太极形、花篮形、心形、扇形、苹果形、向日葵形、秋叶形、凤梨形等）、半围式（在餐盘的一端或两端拼摆图形）等方法来装饰。

2. 立体装饰的构图方法

立体装饰是指用立体的面点制品来装饰、衬托面点。立体装饰多用于装饰美化品位较高的面点。立体装饰的题材很广泛，其寓意多为吉祥、喜庆、欢乐，工艺有简有繁，作品有大有小。

3. 套盘装饰的构图方法

套盘装饰是将精致、高雅的餐盘，或材质很特别的容器，套放于另一只较大的餐盘中，以提升菜肴的品位和审美价值。在套盘装饰中小餐盘多选用精致珍贵的银器餐盘、高雅素洁的水晶餐盘或精美的磁制餐盘、陶制餐盘等，还可选用形状、材质方面别开生面的容器，如浑然天成的大贝壳，编制精致的小柳篮，清香四溢、形制特别的竹简，质朴自然的椰子、清瓜、菠萝等。大餐盘大多选择能与小餐盘匹配的瓷质餐盘、木质餐盘、竹器餐盘、漆器餐盘和金属支架等。

4. 面点互饰的构图方法

所谓面点互饰是指利用不同面点之间互补互益的特性，把它们共同放在一个餐盘中，以达到相得益彰的装饰效果。其中，面点还可以换成菜肴。所以菜品互饰包含菜肴与菜肴、点心与点心、菜肴与点心之间的互相装饰。面点（菜品）互饰将食用与审美融为一体，是值得提倡的装饰形式。

第 **11** 章

面点创新

◎ 学习目标

1. 了解面点创新的基础理论。
2. 了解面点创新的思路。
3. 了解面点的开发与利用。
4. 了解功能性面点的开发与利用。

第一节 面点创新的基础理论

一、创新的概念

现代社会，"创新"是一个使用频率非常高的词，已成为世界发展的潮流、民族振兴的路径。作为一个概念，创新是指人们为了一定的目的，遵循事物发展的规律，对事物的整体或其中的某些部分进行变革，从而使其得以更新与发展。这种更新与发展，可以是事物的一种形态转变为另一种形态，也可以是事物的内容与形式由于增加了新的因素而得以丰富、充实、完善等，还可以是内部构成因素的重新组合，这种新的组合会使事物的结构更合理，功能更齐全，效率进一步提高。总之，创新包含目的性、规律性、变革性、新颖性和发展性等因素。

创新作为一种理论，形成于20世纪初。著名的创新学者、美国哈佛大学教授约瑟夫·熊彼特在1912年第一次把创新引入了经济领域。他认为创新是一种生产函数，实现从未有过的组合，其目的是为了获取潜在的利润。他从企业的角度提出了创新的五个方面一是产品创新——引进一种新产品或产品的新特性；二是工艺创新——采用一种新的生产方法；三是市场创新——开辟一个新市场；四是要素创新——采用新的生产要素，掠取或控制原材料或半制成品的一种新供应来源；五是制度、管理体制的创新——实现企业的一种新组织。20世纪90年代，我国把"创新"一词引入了科技界，形成了"知识创新""科技创新"等各种提法，进而发展到社会生活的各个领域。

二、面点创新的潜力

1. 面点具有客源的广泛性

我国传统的饮食习惯是"食物多样，谷类为主"，因此在人们的饮食生活中，面点占有很重要的地位。面点不仅指各种面粉制品，同时也包括各种杂粮及米类制品，面点制品和烹调菜肴组成了人们的进餐食品，面点制品也可离开菜肴制品独立存在。在正常进餐情况下，人们一天的饮食几乎离不开面食制品。所以，面点的制作与创新具有广泛的客源基础。

2. 面点制作发展缓慢，创新具有广阔空间

我国面点的制作，历来是师傅带徒弟传统的手工作业，而师傅传授技艺又受到传统的"教会徒弟，饿死师傅"等习俗的影响，往往是技留一手，使得面点发展缓慢。因此，面点的创新具有起点低但道路广阔的特点。

3. 人员素质的提高是面点创新的重要保证

随着社会的进步，人们对饮食的要求发生了较大的变化，不再认为饮食仅仅是生活中的享受，而是人们生存与健康的保障，饮食也是一门高深的学问。新时代的面点师在科研与创新中，不仅要知其然，还要知其所以然，他们带徒的方式也是从单纯的技艺传授上升为讲授、实践、再讲授、再实践一整套体系，大大加快了学生掌握技术的速度。面点从业人员文化水平的提高，人员整体素质的提高，给面点的创新奠定了坚实基础。

4. 面点原料经济实惠是创新的物质基础

面点制品所用的主料是粮食类原料，这些原料不但营养丰富，而且是人们饮食中不可缺少的主食原料。面点品种不但成本低、售价便宜、食用可口、易于饱腹，而且风味各异，品种繁多，可以满足各类消费者的不同需求。我国是一个农业大国，近年来，粮食生产量呈上升趋势，因此，面点的制作和创新具有稳定的物质基础。

第二节　面点创新的思路

一、扩展新型原料创新面点品种

制作面点的原料类别主要有皮坯料、馅料、调辅料以及食品添加剂等，其品种成百上千。面点制作人员要在充分应用传统原料的基础上，注意选用西式新型原料，如咖啡、干酪、奶油、糖浆以及各种着色剂、加香剂、膨松剂、乳化剂、增稠剂和强化剂，以提高面团和馅料的质量，赋予创新面点品种特殊的风味特征。

1. 面点用料的变化是面点品种创新的基础

中国面点品种花样繁多，传统面点品种的制作离不开经典的四大面团，即水调面团、发酵面团、米粉面团和油酥面团。不管是有馅品种还是无馅品种，面团是形成具体面点品种的基础。因此，从面团着手，适当使用新型原料，创新面点品种，不失为一个绝好的途径。除此之外，在某一种面团中掺入其他新型原料，可形成多种多样的面点品种，这也是一种创新。例如，在发酵面团中适当添加一定比例的牛奶、奶油、黄油，会使发酵面点暄软膨松之外，更显得乳香滋润，不但口感变得更好了，而且也富有营养。

2. 馅心的变化是面点品种创新的关键

中国面点大部分属于有馅品种，因此馅心的变化，必然导致面点品种的创新。我国面点馅心用料十分广泛，禽肉、畜肉等肉品，鱼、虾、蟹、贝、参等水产品，以及杂粮、蔬菜、水果、干果、蜜饯、鲜花等都能用于制作馅心。除此之外，咖啡、干酪、炼乳、奶油、糖浆、果酱等西式新型原料，也可用于馅心，制作出不同的面点品种，如巧克力月饼、咖啡月饼、冰淇淋月饼等已经引领了国内月饼馅心品种创新的潮流。除了用料变化之外，馅心的口味也有了很大的创新。传统的中国面点馅心口味主要分为咸味馅和甜味馅，咸味馅口味是鲜嫩爽口、咸淡适宜，甜味馅是甜香适宜。在面点师的创新下，采用新的调味料后，面点馅心的口味有了很大变化，目前主要有鱼香味、酱香味、酸甜味、咖喱味、椒盐味等。

3. 面点色、香、味、形、质的创新是吸引消费者的保证

色、香、味、形、质等特征历来是鉴定面点品种制作的关键指标，而面点品种的创新，也主要是体现在制品的色、香、味、形、质等特征方面，最大限度地满足消费者的视觉、嗅觉、味觉、触觉等需要。

（1）在"色"方面，具体操作时应坚持用色以淡为主外，也应熟练地运用缀色和配色原理，尽量多用天然色素，不用化学合成色素。例如，三色马蹄糕一层以糖色为主，一层以牛奶白色为主，一层以果汁黄色为主，成熟后既达到了色彩分层美的效果，又避免了用色杂乱的弊端。

（2）在"香"方面，要注意体现馅心用料新鲜、优质、多样的特点，并且巧妙运用挥发增香、吸附增香、扩散入香、酯化生香、中和除腥、添加香料等手段调馅，以及采用煎、炸、烤等熟制方法生成香气。

（3）在"味"方面，不能仅仅局限于传统面点只用咸、甜两个味，还要利用更多复合味为面点增添新品种，创新出不同味的面点。

（4）在"形"方面，样式变化种类繁多，不同的品种具有不同的造型，即使同一品种，不同地区、不同风味流派的面点也会千变万化。具体的"形"主要有几何形态、象形形态（可分为仿植物和仿动物形）等。"形"的创新要求简洁自然、形象生动，可运用省略法、夸张法、变形法、添加法、几何法等手法，创造出形象生动的面点，又要使制作过程简便迅速。例如，裱花蛋糕中用于装饰的月季往往省略到几瓣，但仍不失月季花的特征，"蝴蝶卷"则把蝴蝶身上的图案处理成几何形等。

（5）在"质"方面，创新要求在保持传统面点"质"的稳定性的同时，还要善于吸收其他食品特殊的优势，善于利用新原料和新工艺。

二、开发面点制作工具与设备，改善面点生产条件

"工欲善其事，必先利其器。"中国面点的生产手段有手工生产、印模生产、机械生产

等，但从实际情况看，仍然以手工生产为主，这样便带来了生产效率低、产品质量不稳定等一系列的问题。所以，为推广发扬中国面点的优势，必须结合具体面点品种的特点，创新、改良面点的生产工具与设备，使机器设备生产出来的面点产品，能最大限度地达到手工面点产品的特征指标。

三、讲求营养科学，开发功能性面点品种

功能性面点不仅具备一般面点所具备的营养功能和感官功能，还具有一般面点所没有的或不强调的调节人体生理活动的功能。功能性面点主要包括老人长寿、妇女健美、儿童益智、中年调养四大类。例如，可以开发具有减肥或轻身功效的减肥面点品种，开发具有软化血管和降低血压、降低血脂及胆固醇、减少血液凝聚等作用的降压面点品种，也可以开发出有益于老人延年益寿、儿童益智的面点品种。总之，面点创新是餐饮业永恒的主题之一。对于广大面点师来说，要做到面点创新，除了要具备一定的主客观条件之外，还要进行科学思维，遵循面点创新的思路，这样才能创作出独特的面点品种。

具体来说，可以按以下方面进行。

1. 以制作简便为主

中国面点制作经过了一个由简单到复杂的发展过程。人类社会的发展从低级社会到高级社会，各类产品的制作技艺也不断精细，面点技艺也不例外，于是产生了许多精工细雕的美味面点。但随着现代社会的发展以及需求量的增大，除高档餐厅、高档宴会需精细点心外，开发面点时应考虑到制作时间。点心大多是经过包捏成形制成的，如果进行长时间的手工处理，不仅会影响产品生产的速度，不利于大批量生产，而且也不利于食品营养与卫生。

现代社会节奏的加快，食品需求量的增大，从生产经营的角度来看，已容不得我们慢工出细活，而营养好、口味佳、速度快、卖相好的面点产品，将是现代餐饮市场最受欢迎的品种。

2. 突出携带方便的优势

面点制品具有较好的灵活性，绝大多数品种都可方便携带，不管是半成品还是成品，所以在开发时就要突出面点制品携带方便的优势，将开发的品种进行恰到好处的包装。在包装中能用盒的就用盒，便于手提、袋装。如小包装的烘烤点心，半成品的水饺、元宵，甚至可将饺子皮、肉馅、菜馅等都预制调和好，以满足顾客自己包制的需求。

突出携带方便的优势，还可扩大经营范围。对于机关团体、工地等需要简便地解决用餐问题的场所，可以及时大量供应面点制品，以扩大销售。面点制品由于携带、取用方便，可以不受就餐条件的限制，可以扩大餐饮市场份额。

3. 体现地域特色

中国面点除了在色、香、味、形及营养方面各有千秋外，还保持着传统的地域性特色。面点在开发过程中，在注重原料的选用、技艺的运用时，也应尽量考虑到各自的乡土风格、地域特色，以突出个性化、地方性的优势。如今，全国各地的名特面点食品，不仅为中国面点家族锦上添花，而且深受各地消费者欢迎，如煎堆、汤包、泡馍、刀削面等已经成为我国著名的风味面点，并已成为各地独特的饮食文化的重要内容之一。利用本地的独特原料和当地制作食品的传统方法加工、烹制面点食品，可为地方特色面点的创新开辟新路。

4. 大力推出应时应节品种

我国面点自古以来就与中华民族的时令风俗和淳朴感情有密切的关系，在一年四季的日常生活中，不同时令均有独特的面点品种。明代刘若愚的《酌中志》记载，那时人们正月吃年糕、元宵、双羊肠、枣泥卷，二月吃黍面枣糕、煎饼，三月吃糍粑、春饼，五月吃粽子，十月吃奶皮、酥糖，十一月吃羊肉包、扁食、馄饨……当今我国各地都有许多应时应节的面点品种。中国面点是中国人民创造的物质和文化的财富，这些品种，使人们的饮食生活洋溢着健康的情趣。

中外各种不同的民俗节日也是面点开发的最好时机，如元宵节的各式风味元宵，中秋节的特色月饼，重阳节的重阳多味糕品，圣诞节的各式西点，春节的各种年糕等。目前，在许多节日中，我国的面点品种推销还缺少品牌和力度。需要说明的是，一定要掌握好节日食品生产制作的时节，应根据不同的节日提前做好生产的各种准备工作。

5. 力求创作出易于贮存的品种

许多面点还具有能短暂贮存的特点。在特殊的情况下，许多糕类制品、干制品、果冻制品等，可用电冰箱、贮藏室存放起来。如经烘烤、干烙的制品，由于水分得到了蒸发，其贮存时间较长。各式糕类制品，如松子枣泥拉糕、蜂糖糕、蛋糕、伦教糕等，酥类、米类制品，如八宝饭、糯米烧卖、糍粑等，果冻类制品，如西瓜冻、什锦果冻、番茄菠萝冻等，馒头、花卷类食品等。如保管得当，可以在数日内贮存，并保持特色。如果我们在创作之初就能从易于贮存方面考虑，产品就会有更长的生命力，这样就可增加产品的销售量。

6. 雅俗共赏，迎合餐饮市场

中国面点以米、麦、豆、黍、禽、蛋、肉、果、菜等为原料，其品种干稀皆有，荤素兼备，既可填饥饱腹，又美味可口，深受各阶层人民的喜爱。

在面点开发中，应根据餐饮市场的需求，既要生产能满足广大群众需要的普通面点，又要开发精致的高档宴席点心，既要考虑面点制作的大众化，又要提高面点食品的文化品位，把传统面点的历史典故和民间文化挖掘出来。另外，面点创新既要符合时尚，又要满足消费，以适应人们的饮食生活的多样化需求。

四、迎合市场的面点种类

1. 开发速冻面点

近十年来，随着经济的发展，面点制作中的不少点心，已经从采用手工作坊式的生产转向采用机械化生产，能成批地制作面点，来不断满足广大消费者的一日三餐之需。速冻水饺、速冻馒头、速冻馄饨、速冻元宵、速冻春卷、速冻包子等已打开食品市场，不断增多的速冻食品已进入寻常百姓的家庭。随着食品机械品种的不断诞生，以及广大面点师的不断努力，开发更多的速冻面点将成为广大面点师不断探讨研究的课题。中国面点具有独特的东方风味和浓郁的中国饮食文化特色，在国外享有很高的声誉，发展面点食品，打入国际市场，中国面点占有绝对的优势。拓展国外市场，开发特色面点，发展面点的崭新天地需要我们去开创。

2. 开发方便面点

在生活质量不断提高的今天，各种包装精美的方便食品应运而生。快餐面在日本问世，为方便食品的制作开辟了新的道路。目前，我国各地涌现了不少品牌的方便食品，即开即食，许多需要在厨房制作的面点品种，现在都已工厂化生产，诸如热干面、冷面、八宝粥、营养粥、酥烧饼、黄桥烧饼、山东煎饼、周村烧饼等。这些方便食品一经推出，就受到市场的欢迎。许多饭店也专辟了生产车间加工操作，树立了自己的拳头产品以赢得市场。方便食品特别适宜于烘烤类面点，经烤箱烤制后，有些可以贮存一周左右，还有些品种可以存放几个月，有利于商品的流通和开发市场，为面点走出餐厅、走出本地区创造了良好的条件。

3. 开发快餐面点

为适应当今快节奏的生活方式，人们要求在几分钟之内就能吃到或带走配膳科学、营养合理的面点快餐食品，近年来，以满足大众基本生活需要为目的的快餐发展迅猛。传统面点在发展面点快餐中前景广阔，其市场包括流动人口、城市工薪阶层、学生阶层。面点快餐将成为受机关干部、学生和企事业单位职工欢迎的午餐的重要供应品种。未来的快餐中心将与众多的社会销售网点、公共食堂、社区中心结成网络化经营，使之进入规模生产的社会化服务体系。有人将中式快餐特点归纳为"制售快捷，质量标准，营养均衡，服务简便，价格低廉"五句话。面点快餐无疑具有广阔的发展空间。

4. 开发系列保健面点食品

随着经济的飞速发展和人民生活水平的不断提高，人们越来越注重食品的保健功能，如儿童健脑食品，利用原料营养的自然属性配制成面点食品，以食物代替药物，将是面点创新开发的一大趋势。世界人口日趋老龄化，发展适合老年人需要的长寿食品，其前景越来越看好，这类消费群体对食品的要求是多品种、少数量、易消化、适口、方便，有适当的保健疗效，有一定的传统性及地方特色，这类食品在老年人群体中极有市场。开发和创新传统面点食品，应着重改变我国面点高糖、高脂肪的特点，从开发低热量、低脂肪的食品，从丰富食品的膳食纤维、维生素、矿物质含量入手，创新适合现代人需要的面点品种，这是面点发展的一条重要途径。

第三节　面点的开发与利用

时代的发展变化带来了人们生活水平的不断提高，同样，在面点需求方面人们也会有新的要求。人们希望吃到原料多样、品种丰富、口味多变、营养适口、简单方便的食品，在原有面粉米粉的基础上，讲究口味的多变性，需求还向着杂粮、熟菜、鱼虾、果品为原料的面点方面发展，要求生产出既美观又可口，既营养又方便，既卫生又保质的面点新品种。

一、挖掘和开发皮坯原料品种

米、麦及各种杂粮是制作面点的主要原料，是面点制作中必需的、占主导地位的原料，都含有一定量的淀粉、蛋白质和维生素等，在添加其他辅助原料后，经过加工成熟具有松、软、黏、韧、酥等特点，但其性质又有一定的差别，有的单独使用，有的可以配合使用。

面点品种的丰富多彩，取决于皮坯原料的变化运用和面团不同的加工调制手法。中国面点品种的发展，必须要扩大面点主料的运用，使我国的杂色面点形成一系列各具特色的风味，为中国面点的发展开拓一条宽广之路。

可作为面点皮坯的原料很多，这些原料均含有丰富的糖类、蛋白质、脂肪、矿物质、维生素，对增强体质、防病抗病、延年益寿、丰富膳食、调配口味都能起到很好的效果。

1. 特色杂粮的充分利用

自古以来，我国各地人民除广泛食用米、面等主食以外，还大量食用一些特色的杂粮，如高粱、玉米、小米、薯类等，这些原料经合理的利用可加工出许多风格特殊的面点品种，特别是在现代生活水平不断提高的情况下，人们更加崇尚返璞归真的饮食方式。因此，利用这些特色的杂粮制作的面点食品，不仅可以丰富面点的品种，还可得到各地消费者的由衷喜爱。

如将高粱米加工成粉，与其他粉料混合使用，可制成各具特色的糕类、团类、饼类、饺子等面点制品。小米色黄、粒小易烂，磨制成粉可制成各式糕、团、饼等，还可以掺入面粉制成各式发酵食品，通过合理的加工也可以制成小巧可爱的宴会点心。玉米可加工成玉米粉，又可进一步加工制成粟粉，即玉米淀粉，粟粉粉质细滑，吸水性强，韧性差，用热水烫制后发生糊化易于凝结，凝结至完全冷却时成为爽滑、无韧性、有弹性的凝固体。

而玉米粉则可单独制作成玉米饼、玉米球、窝头等，或与面粉等掺和后可制作各式发酵面点及蛋糕、饼干、煎饼等面食。

2. 果蔬的变化出新

我国富含淀粉类营养物质的食品原料十分丰富，这些原料经合理加工后，均可创新出丰富多彩的面点品种。如莲子，可加工成粉，其质地细腻，口感爽滑，多用于制作莲蓉馅，也可作为皮料制成面团后，运用不同的制作方法和不同的成熟方法，制作糕类、饼类、团类及各种造型点心。马蹄（荸荠）粉，是用马蹄加工制成的淀粉，其黏滑而劲大，可加糖冲食，也可作为馅心；或经加温显得透明，凝结后会爽滑性脆，适用于制作马蹄糕、九层糕、芝麻糕、拉皮和一般夏季糕品等；若将马蹄煮熟去皮捣成泥，与淀粉、面粉、米粉掺和，可做各式糕点。红薯，所含淀粉很多，因而质软而味甜；由于其糖分含量较高，与其他粉类掺和后，有助于发酵；或将红薯煮熟、捣烂，与米粉等掺和后，可制成各式糕团、包类、饺子、饼类等，如香麻薯蓉枣、红薯饼等；若干制成粉，可代替面粉制作蛋糕、布丁等各种中西点心，如红薯蛋糕、红薯布丁等。马铃薯，性质软糯细腻，去皮煮熟捣成泥后，可单独制成煎、炸类各式点心；与面粉、米粉等趁热调制成团，也可制作成各类糕点，如像生雪梨果、土豆饼等。芋头，性质软糯，蒸熟去皮捣成芋泥，软滑细腻，与淀粉、面粉、米粉等掺和后，可制成各式风味糕团，如代表品种荔浦秋芋角、荔浦芋角皮、炸椰丝芋枣、脆皮香芋夹等。山药，色白、细软、黏性大，蒸熟去皮捣成泥可与面粉、米粉等掺和制作成各式糕点，如山药桃、鸡粒山药饼、网油山药饼等。南瓜，色泽红润，粉质甜香，若将其蒸熟或煮熟，与面粉或米粉等调拌成面团，可做成各式糕类、饼类、团类、饺子等，如油煎南瓜饼、象形南瓜包等。慈姑，略有苦味，黏性差，蒸熟制成泥，与面粉或米粉等掺和后使用，适用于制作烘、烤、炸等类点心，口味香甜，其用途与马铃薯相似。百合，含有丰富的淀粉，蒸熟后，与澄粉、米粉、面粉等掺和后，调制成面团，可制成各类糕、团、饼等，如百合糕、三鲜百合饼等。栗子，淀粉含量较高，粉质疏松，将栗子蒸熟或煮熟脱壳，压成栗子泥，与米粉、面粉等掺和后，也可制成各式糕类、饼类等品种。

3. 各种豆类的合理运用

绿豆粉，是用绿豆加工制作而成，粉粒松散，经加温也会呈现无黏性、无韧性特点的原料，香味较浓，常用于制作豆蓉馅、绿豆饼、绿豆糕、杏仁糕等，与其他粉料掺和可制成各类点心。赤豆（红豆、红小豆），性质软糯，沙性大，煮熟后可制作赤豆泥、赤豆冻、豆沙、红豆羹，与面粉、米粉等掺和后可制作各式糕点。扁豆、豌豆、蚕豆等豆类具有软糯、口味清香等特点，蒸熟捣成泥可做馅心，与其他粉料掺和后可制作各式糕点及小吃，如绿豆糕、红豆糕、豌豆黄、小窝头等。

4. 鱼虾肉制皮体现特色

新鲜河虾肉经过加工也可制成皮坯。将虾肉洗净，用干毛巾吸干表面的水分，剁碎压烂成蓉，再用食盐将虾蓉搅拌至起胶黏性，再加入生粉即成为虾粉团；将虾粉团分成小粒，用生粉作扑粉再把它擀薄成圆形的皮，便成虾蓉皮，其味鲜嫩，可包制各式饺子、饼类面点等。新鲜鱼肉经过合理加工可以制成鱼蓉皮。将鱼肉剁烂，放进食盐搅拌至起胶黏性，加水继续搅打均匀，放入生粉搅匀即成为鱼蓉皮，将其下剂制皮后，包入各式馅心，可制成各类饺子、饼类、球形点心等，如鱼皮饺等。

5. 运用适令水果形成特异风格

利用新鲜水果与面粉、米粉等原料拌和，又可调制成风味独特的面团，其色泽美观，果香浓郁，再经过加工，可制成各类点心。如将香蕉、菠萝、苹果、草莓、桃子、柿子、橘子、山楂、椰子、柠檬、西瓜、猕猴桃、芒果等水果分别打成果蓉或果汁，与粉料拌和，即可调制成风格迥异的面团，再经过加工制成特色点心，如香蕉蛋糕、菠萝冻奶糕、芒果布丁、黄桂柿子饼等。

中国面点制作的皮坯原料是非常丰富的，只要面点师善于思考，认真研究，根据不同原料的特点，加以合理利用，制成各式皮料和馅料，再采用不同的成形和成熟手段，便可生产出丰富多彩、营养丰富的面点新品种。

二、挖掘和开发馅料品种

馅料的创新是面点变化的又一重要途径。馅心调制的好坏，直接影响面点的色、香、味、形、质、营养等诸多方面。馅心与皮料相比，皮料的制作主要决定面点的色和形，而馅心则决定面点的香味和口感，同时有些馅心还起着增色的效果。因此馅心不仅具有确定面点口味的作用，同时还肩负着美化面点，保证面点质量、口感的重任。目前，面点馅心在口味上一般是以咸鲜味、甜味为主，其他味型只占很少的比例；在原料的选择上，主要是猪、羊、牛肉、蛋品、豆制品和一些时鲜蔬菜、果品，对于水产品的利用，也只限于蟹黄、鱼籽、虾米等个别品种。相对于烹调菜肴而言，面点的馅料制作，无论是从原料的综合利用，尤其是高档原料的使用，还是从各种调味味型的变化来看，都远远处于不饱和状态。因此，我们应借助现有的经验，对面点馅心的制作做一些调整。

1. 广泛利用烹饪原料

中国烹饪之所以能闻名于世，其所用原料具有广泛性是一个重要因素，作为面点的馅心原料，只要具有可食性均可使用，上至山珍海味，下至野菜家禽，都能做成美味的面点。我们可以将各种各样的烹饪原料用于制作面点馅心，创新开发一些具有特色风味的面点品种。

2. 借助菜肴调味方式制馅

制作面点馅心，除了要设法保持原料本身具有的个性美味外，还要吸收烹调菜肴的味型，如家常味型、酸辣味型、麻辣味型、鱼香味型、芒果味型和怪味味型等，同时要善于利用特殊的香料开拓味型，如五香味型、陈皮味型、朗姆酒味型、芥末味型、酱香味型等。

3. 探索使用一些新原料制馅

随着科技的不断发展，各式各样的食品新原料不断被挖掘、制造出来，如果能及时将它们运用到馅心的调制中，就能创新开发出独具魅力的风味面点，使面点品种具有强大的生命力，能够在短时间占领市场，并带来非常可观的经济效益和社会效益。例如，利用烹调原料吉士粉制作馅心的面点已风靡全球，如吉士蛋挞馅、吉士奶黄馅等已被运用到各式中西面点中，而用蚝油调制的馅料更是别有一番风味。

三、造型及其他方法的创新

1. 面点造型的翻新

面点的形状，主要是利用由主粉料的自然属性所制作的面皮来表现的。自古以来，我国的面点师就善于制作形态各异的花卉、鸟兽、鱼虫、瓜果等造型点心，从而增添了面点的感染力和观赏价值。纵观面食美点，尤其是宴席精点，无一不是味与型的完美结合。饺子宴之所以具有吸引力，靠的不仅仅是口味的调制，而且也充分利用了造型的艺术；百饺宴、包子席之所以深受食客的欢迎，其各式各样的造型也功不可没。"一饺一形""一包一形"，充分体现了面点师的独具匠心。面点造型的翻新还可以在各种器皿、饰物及用具等贴近生活的物品上进行研究。例如，仿书本制作点心，给人一种书香门第、文化高雅的气氛，可以用蛋类面团做成薄饼状，喝酒之后，一人一张悠闲自取，仿佛翻书一般，抬手之间，精神和物质双丰收；也可以制作成书本蛋糕，让食客品味出饮食的文化和艺术；用琼脂、明胶制作一副象棋盘，上面搭配车、马、相、士、炮等可食用性棋子，使人在食用时心情舒畅，谈棋论道，享受饮食以外的乐趣。

2. 面点制作中色彩的调配

在现实生活中，人们对食品的色、香、味、形的要求越来越高，食品的色、香、味、形不仅能使人在感官上享受到真正的愉悦，而且还直接影响着人们对食品的消化和吸收。中国面点色彩运用的典范首推苏式的船点，那些用米粉制作的五彩缤纷的花鸟鱼虫，诱人嘴馋的瓜果鲜蔬，无一不给人以艺术的享受。由此可见，面点的色彩变化依然存在着很大的拓展空间，作为一名面点师，应挖掘和借鉴传统的饮食配色艺术，将其制作手法及色彩运用到各类面团的调制中去，以弘扬中国的面食文化，开拓中国的面食市场。

面点制作色彩运用发展的方向是利用植物的本色，或者提取的相关汁液来进行调配，添加在面团中制成天然颜色的皮坯，同样可以使面点色彩斑斓，这样不仅能满足面点色泽上的要求，而且能满足营养方面的要求，这应该是面点今后发展的新趋势。

3. 借鉴西点做法，发展中式面点

借用西点的制作技法是创新的又一方式，西点主要来源于欧美国家的点心，它是以面粉、糖、油脂、鸡蛋和乳品等为原料，辅以鲜果品和调味料，经过调制成形、装饰等工艺过程而制成的具有一定色、香、味、形、质的营养食品。面点行业在西方通常被称为"烘焙业"，在欧美国家十分发达，西点不仅是西式烹饪的组成部分（即餐用面包和点心），而且是独立于西餐烹调之外的一种庞大的食品加工行业，成为西方食品工业的主要支柱产业之一。中式面点可以直接吸收借鉴一些有益的、适合我国国情的操作方法，来丰富中式面点品种。例如，广式点心有很多特色的品种就借鉴了西方的技术。

目前，从面点的消费对象来看，大众化是其主要特点。因此，面点作为商品，必须从市场出发，以解决大众基本生活需求为目的。可以说，随着中外交流的日益频繁，借鉴西餐的成功经验来发展中式面点已成必然趋势。

4. 开发功能性面点和药膳面点

功能性面点是指除具有一般面点所具有的营养功能和感官功能（色、香、味、形等）外，还具有一般面点所没有或不强调的调节人体生理活动的功能的面点。它具有享受、营养、保健和安全等功能。药膳面点即药材与面点原料相配伍而做成的面点，它具有食用和药用的双重功能。当前，由于空气和水源等污染加剧，各种恶性发病率逐渐上升，研究开发功能性面点和药膳面点，已成为中式面点发展的主要趋势之一。

5. 走"三化"之路，以保证中式面点的质量

"三化"的含义是指，面点品种配方标准化、面点生产设备现代化和品种生产规模化。只有走"三化"之路，才能保证面点的质量，才能向消费者提供新鲜、卫生、安全、营养、方便的具有中国特色的面点产品，才能满足人们对面点快餐不断增加的需求量。

6. 改革传统配方工艺

中式面点的许多品种营养成分过于单一，有的还含有较多的脂肪和糖类，因此，在继承传统优秀面点遗产的基础上，要改革传统配方及工艺。例如，可以从低热、低脂、多膳食纤维、维生素、矿物质等角度入手，研发出适合现代人需求的营养平衡面点品种；再如，从原料选择、形成工艺等环节入手，对工艺制作过程进行改革，以研发出适应时代需要的特色品种或拳头产品。

7. 加强科技创新

加强科技创新包括开发原料新品种和运用新技术、新设备两个方面。开发新原料，不但能满足面点制品在工艺上的要求，而且还能提高产品的质量。例如，各种类型的面粉可使不同面点品种从口味上、口感上都有很大的提高。

新技术包括新配方、新工艺流程，它不但能提高工作效率，而且还可以增加新的面点品种。新设备的使用不但可以改善工作环境，使人们从传统的手工制作中解放出来，而且还有助于形成批量生产，使产品的质量更加统一、规范。

8. 改革宴席结构

目前，面点在传统宴席中所占的比例较小，形式较为单调，因此，可以尝试与菜点结合的方式改革宴席的结构，以此来丰富我国饮食文化内涵。

中式面点需要创新的内容还有很多方面，中式面点师在创新面点新作品时，既要敢于海阔天空、无所顾忌、无宗无派，又要"万变不离其宗"，这个"宗"就是紧紧抓住中国烹饪的精髓——以"味"为主、以"养"为目的和"适口者珍"。中式面点的创新任重而道远，有着广阔的发展空间，也需要我们踏实勤奋地去挖掘、尽心尽力地去培育、求真务实地去研究。只有这样，中式面点的创新才能持久、充满活力，也才能将具有悠久历史的中国面点文化发扬光大。

四、面点创新开发的发展趋势

1. 提倡回归自然

在现代科技发达、生活质量不断提高的情况下，人们不得不对传统的面点小吃进行重新审视，由于面粉和大米的主食地位日渐下降，当回归自然之风吹向饮食行业时，人们逐渐倾向于食用天然的原生态的食品。例如，人们再次用生物发酵的方法烘制出具有诱人芳香味美的传统面包，用古老的酸面种发酵的方法制成的面包，就越来越受到广大食客的青睐。

2. 提倡天然保健食品

由于面点小吃制作技术的不断求新求变，人们曾采用加入各式各样的辅料、添加剂等方法来丰富面点、小吃的品种，但这样制作的成品营养价值却不高，食后不利于健康，所以人们现在都喜欢吃天然的、绿色的、具有保健功能的食品。例如，杂粮类的面点，过去因颜色较暗、外观不够美观、口感粗糙、口味不够香甜而被人们忽略，如今却因其含有较多的蛋白质、纤维素、矿物质的元素而成为时尚的保健食品。

3. 提倡吃粗杂粮面点和小吃

长时间以来为人们所追求的大米、面粉逐渐失宠，那些投放在酒店、市场或超市内且标榜卫生，精细加工而成的大米、面粉，逐渐失去了吸引力，而利用全麦面粉、粗米、杂粮制成的面点小吃却很受欢迎。

4. 重视提高技艺

各级组织或单位要经常举办有关面点的各类比赛和展示，以增加专业人士互相交流、学习、品鉴的机会，以此不断改进面点制作工艺。例如，各国面点名师不断示范、交流，带来了各地的特色面点和小吃；各国食品厂家为了推销自己的产品，也使世界面点业走向了技术化、信息化。这些都有利于面点师开阔视野，提高技艺，同时也可使面点的制作工艺得到丰富，使面点制品更有特色。

5. 重视科学研究

亚洲和欧美各国如日本、泰国、瑞士、美国等国家均设置有面食培训及研究中心，其生物化工、食品工程、食物科学和营养学方面的专家也较多，他们既注意吸取其他国家的成功经验，又注重突出本国的特色，坚持不懈地在各款面点的用料、生产过程等方面进行探索和改良，从而使得面点得到不断地发展和创新。我们国家的相关从业人员也应不断加强对中式面点和小吃的科学研究，以加快中式面点进一步走向世界的步伐。

第四节　功能性面点的开发与利用

一、功能性面点的概念

人类对食品的要求，首先是能吃饱，其次是能吃好。当这两个要求都得以满足之后，就希望所摄入的食品对自身健康有促进作用，于是出现了功能性食品。现代科学研究认为，食品具有三项功能：一是营养功能，即能提供人体所需的各种营养素；二是感官功能，能满足人们不同的嗜好和要求；三是生理调节功能。而功能性食品即指除具有营养功能（一次功能）和感官功能（二次功能）之外，还具有生理调节功能（三次功能）的食品。

依据以上所述，功能性面点可以被定义为：除具有一般面点所具备的营养功能和感官功能（色、香、味、形）外，还具有一般面点所没有的或不强调的调节人体生理活动的功能面点。

同时，作为功能性面点还应符合以下几方面的要求：由通常面点所使用的材料或成分加工而成，并以通常的形态和方法摄取；应标记有关的调节功能；含有已被阐明化学结构的功能因子（或称有效成分）；功能因子在面点中稳定地存在；经口服摄取有效；安全性高；作为面点为消费者所接受。

据此，添加非面点原料或非面点成分（如各种中草药和药液成分）而加工生产出的面点，不属于功能性面点的范畴。

二、功能性面点与食疗面点、药膳的关系

中国饮食一向有同医疗保健紧密联系的传统，药食同源、医厨相通是中国饮食文化的显著特点之一。

食疗也称食物疗法，又称为饮食疗法，指通过烹制食物以膳食方式来防治疾病和养生保健的方法。具有食疗作用的面点称为食疗面点。

药膳发源于我国传统的饮食和中医食疗文化，药膳面点是在中医学、烹饪学和营养学理论指导下，严格按照药膳配方，将中药与某些具有药用价值的面点原料相配伍，采用我国独特的饮食烹调技术和现代科学方法制作而成的具有一定色、香、味、形的美味面点。它是中国传统的医学知识与烹调经验相结合的产物。它"寓医于食"，既将药物作为食物，又将食物赋以药用，药借食力，食助药威，两者相辅相成，相得益彰；既具有较高的营养价值，又可防病治病、保健强身、延年益寿。因而，药膳既不同于一般的中药方剂，又有别于普通饮食，是一种兼有药物功效和食品美味的特殊膳食。

功能性面点与药膳相比较，其根本区别是原料组成不同。药膳是以药物为主，如人参、当归等，其药物的药理功效对人体起作用。而功能性面点采用的原料是食物，同时还包括传统上既是食品又是药品的原料，如红枣、山楂等。通常的面点原料本身含有生物防御、生物节律调整、防治疾病、恢复健康等功能，对生物体具有明显的调整功能。

"食疗面点"这个通俗称谓从未有人给出明确和严格的定义。汪福宝等主编的《中国饮食文化辞典》中"食疗"词目中写道："食疗内容可分为两大类，一为历代行之有效的方剂，一为提供辅助治疗的食饮。"另据《中国烹饪百科全书》"食疗"词目中写道："应用食物保健和治病时，主要有两种情况：单独用食物……食物加药物后烹制成的食品，习惯称为药膳。"根据以上对"食疗"的解释，"食疗面点"包括药膳面点和功能性面点两部分内容。

既然食疗面点包括功能性面点，为什么不用"食疗面点"，而采用"功能性面点"来叙述，这里有如下几方面的原因：其一是食疗面点突出的是"疗"字，会给部分消费者造成误解，认为食疗面点和药膳面点一样，疗效是添加中草药的结果，而把功能性面点的内容完全忽略掉；其二是受到中医学"药食同源，药食同理，药食同用"的影响，采用"食疗面点"叙述，非常容易混淆仪器与药物的本质，把食疗面点理解成加药面点或者是食品与药物的中间产物。食品与药物的本质区别之一体现在是否存在毒副作用上。正常摄食的面点绝不能带任何毒副作用，且要满足消费者的心理和生理要求；药物则是或多或少地带有毒副作用，正如俗话所说"七分药三分毒"，所以药膳应在医生指导下辨证施膳、因人施膳，食用量也要严格控制；其三是"功能性面点"一词，适合21世纪中国食品工业的发展趋势。营养、益智、疗效、保健、延年益寿等是21世纪中国食品和保健食品市场的发展方向；其四是突出了食物原料本身具有的保健功能，强调它是保健面点而不是药膳面点，更不是药品。

功能性面点具有四种功能，即享受功能、营养功能、保健功能及安全功能。而一般性面点没有保健功能或者说有很小的保健功能，达到可忽略程度。面点中都含有丰富的营养成分，具有营养功能不等于有保健功能，不同的营养及量的多少，对个体的作用有很大差异性，甚至具有反差性。如高蛋白质、高脂肪的动物性食物，其营养功能是显而易见的，但对心血管病和肥胖病人来说，不但没有保健功能，反而会产生副作用。保健功能是指对任何人都具有的预防疾病和辅助疗效的功能，如能良好地调节人体内器官机能，增强机体免疫能力，预防高血压、血栓、动脉硬化、心血管病、癌症、抗衰老以及有助于病后康复等功能。总之，面点具有保健功能就是指面点具有有益于健康、延年益寿的作用。

功能性食品起源于我国，已为世界各国学者所公认。食疗面点是中国面点的宝贵遗产之一。邱庞同的《中国面点史》（青岛出版社，2010年）中提到："食疗面点中的食药，本身就具有各种疗效，再与面粉配合制成各种面点后，便于人们食用，于不知不觉中治病，食疗面点确实是中国人的一个发明创造。"因此，我们要努力对之加以发掘、整理，同时利用现代多学科综合研究的优势，发展中国特色的功能性面点。

三、功能性面点允许使用的原料

根据《中华人民共和国食品安全法》的规定，食品是指各种供人食用或者饮用的成品和原料，以及按照传统既是食品又是药品的物质。

（一）既是食品又是药品的物质

按照传统既是食品又是药品的物质，是指具有传统食用习惯，且列入《中华人民共和国药典》及相关中药材标准中的动物和植物可食用部分。具体有：

丁香、八角茴香、刀豆、小茴香、小蓟、山药、山楂、马齿苋、乌梢蛇、乌梅、木瓜、火麻仁、代代花、玉竹、甘草、白芷、白果、白扁豆、白扁豆花、龙眼肉（桂圆）、决明子、百合、肉豆蔻、肉桂、余甘子、佛手、杏仁（甜、苦）、沙棘、牡蛎、芡实、花椒、赤小豆、阿胶、鸡内金、麦芽、昆布、枣（大枣、酸枣、黑枣）、罗汉果、郁李仁、金银花、青果、鱼腥草、姜（生姜、干姜）、枳椇子、枸杞子、栀子、砂仁、胖大海、茯苓、香橼、香薷、桃仁、桑叶、桑葚、桔红、桔梗、益智仁、荷叶、莱菔子、莲子、高良姜、淡竹叶、淡豆豉、菊花、菊苣、黄芥子、黄精、紫苏、紫苏籽、葛根、黑芝麻、黑胡椒、槐米、槐花、蒲公英、蜂蜜、榧子、酸枣仁、鲜白茅根、鲜芦根、蝮蛇、橘皮、薄荷、薏苡仁、薤白、覆盆子、藿香、当归、山柰、西红花（藏红花）、草果、姜黄、荜茇、党参、荒漠肉苁蓉、铁皮石斛、西洋参、黄芪、灵芝、山茱萸、天麻、杜仲叶。

（二）新资源食品

新资源食品是在我国新研制、新发现、新引进的无食用习惯的，符合食品基本要求的物品。《新资源食品管理办法》规定新资源食品具有以下特点。

① 在我国无食用习惯的动物、植物和微生物；

② 从动物、植物、微生物中分离的在我国无食用习惯的食品原料；

③ 在食品加工过程中食用的微生物新品种；

④ 因采用新工艺生产导致原有成分或者结构发生改变的食品原料。

新资源食品应当符合《中华人民共和国食品安全法》及有关法规、规章、标准的规定，对人体不得产生任何急性、亚急性、慢性或其他潜在性健康危害。

国家卫生部批准作为新资源食品食用的物质，共分为九类：

第一类是中草药和其他植物类：人参、党参、西洋参、冬虫夏草、山楂、黄芪、蝉花、首乌、大黄、芦荟、枸杞子、大枣、巴戟天、荷叶、菊花、五味子、桑葚、薏苡仁、茯苓、胖大海、广木香、银杏、白芷、百合、山苍籽油、山药、鱼腥草、绞股蓝、红景天、莼菜、松花粉、草珊瑚、山茱萸叶、甜味藤、芦根、生地、麦芽、麦胚、桦树汁、韭菜籽、黑豆、黑芝麻、白芍、竹笋、益智仁。

第二类是食用菌藻类：灵芝、猴头菇、香菇、金针菇、姬松茸、鸡腿菇、黑木耳、乳酸菌、螺旋藻、酵母、紫红曲、脆弱拟杆菌（BF–839）。

第三类是果品类：猕猴桃、罗汉果、沙棘、火棘果、野苹果。

第四类是畜禽类：胆、乌骨鸡。

第五类是海产品类：海参、牡蛎、海马、海窝。

第六类是昆虫爬虫类：蚂蚁、蜂花粉、蜂花乳、地龙、蝎子、壁虎、蜻蜓、昆虫蛋白、蛇胆、蛇精。

第七类是矿物质与微量元素类：珍珠、钟乳石、玛瑙、龙骨、龙齿、金箔、硒、碘、氟、倍半氧化羧乙基锗、赖氨酸锗。

第八类是茶类：金银花茶、草木咖啡、红豆茶、白马蓝茶、北芪茶、五味参茶、金花茶、凉茶、罗汉果苦丁茶、南参茶、参杞茶、牛蒡健身茶。

其他类是：牛磺酸、SOD、变性脂肪、磷酸果糖、左旋肉碱。

四、功能性面点基料

（一）功能性面点基料的种类

功能性面点中真正起生理作用的成分，称为生理活性成分，富含这些成分的物质则称为功能性面点基料或生理活性物质。显然，功能性面点基料是生产功能性面点的关键。

就目前而言，已确定的功能性面点基料主要包括以下八大类，具体品种有上百种。

① 活性多糖，包括膳食纤维、抗肿瘤多糖等。

② 功能性甜味料，包括功能性单糖、功能性低聚糖等。

③ 功能性油脂，包括不饱和脂肪酸、磷脂和胆碱等。

④ 自由基清除剂，包括非酶类清除剂和酶类清除剂等。

⑤ 维生素，包括维生素A、维生素E和维生素C等。

⑥ 微量元素，包括硒、锗、铬、铁、铜和锌等。

⑦ 肽与蛋白质，包括谷胱甘肽、降血压肽、促进钙吸收肽、易消化吸收肽和免疫球蛋白等。

⑧ 乳酸菌，特别是双歧杆菌等。

（二）生理活性成分的合理食用

功能性面点中无论是哪种有益于健康的营养或生理活性成分，摄入时都应有一个量的概念。无论是对健康人，还是对特殊生理状况的人，任何元素单独过多地食用，均会带来不良后果，甚至走向反面。"平衡即健康"是传统医学的主导思想，因此，要强调各类营养成分及生理活性成分的总体平衡。

① 要强调人体所需基本营养素，如蛋白质、脂肪、碳水化合物、维生素、微量元素等的平衡。

② 特殊生理状况的人摄取的生理活性成分也应注意平衡。

只有遵循科学、平衡的原则，才能真正发挥功能性面点中的生理活性成分的积极促进作用。

参考文献

［1］张北，刘新生．面点工艺学［M］．北京：中国科学技术出版社，2009．

［2］成晓春，史德杰．中餐面点制作［M］．北京：北京理工大学出版社，2014．

［3］赵洁．面点工艺［M］．北京：机械工业出版社，2011．

［4］张松．面点工艺［M］．成都：西南交通大学出版社，2013．

［5］陈洪华，李祥睿．中式糕点配方与工艺［M］．北京：中国纺织出版社，2013．

［6］陈洪华，李祥睿．中式面点加工工艺与配方［M］．北京：化学工业出版社，2018．

［7］汪海涛．中式面点制作［M］．北京：北京理工大学出版社，2017．

［8］冯国强，张洪尧，张小丽．中式面点制作［M］．北京：中国农业科学技术出版社，
      2017．

［9］周晓燕，陈洪华．中国名菜名点［M］．北京：旅游教育出版社，2004．

［10］陈洪华．中式面点技艺［M］．大连：东北财经大学出版社，2003．

［11］罗文．中式面点制作［M］．成都：四川天地出版社，2008．

［12］杨春丽，张淼．中式面点制作大全［M］．济南：山东科学技术出版社，2014．

［13］张桂芳．中式面点师（中级）［M］．北京：中国劳动社会保障出版社，2008．

［14］钟志惠．面点工艺学［M］．成都：四川人民出版社，2002．

［15］钱峰，王支援．面点原料知识［M］．北京：中国轻工业出版社，2012．

中等职业教育烹饪专业教材简介

中等职业教育中餐烹饪专业教材

烹饪专业职业素养与就业指导
双色印刷
朱长征 段晓艳 主编
页　数：124页
定　价：20.00元
ISBN：9787518409815

冷菜与冷拼实训教程
彩色印刷
杨宗亮 黄勇 主编
页　数：164页
定　价：43.00元
ISBN：9787518418244

烹饪原料教程
双色印刷
黄勇 盛金朋 主编
页　数：268页
定　价：43.00元
ISBN：9787518419364

教学资源：

面点原料知识（第二版）
双色印刷
钱峰 时蓓 主编
页　数：208页
定　价：36.00元
ISBN：9787518419630

教学资源：

中国饮食文化（第二版）
双色印刷
赵建民 金洪霞 主编
页　数：220页
定　价：36.00元
ISBN：978751842561

教学资源：

烹饪工艺美术（第二版）
彩色印刷
刘雪峰 夏玉林 主编
页　数：128页
定　价：36.00元
ISBN：9787518426393

餐饮成本核算（第二版）
双色印刷
刘雪峰 滕家华 主编
页　数：208页
定　价：36.00元
ISBN：9787518426386

中等职业教育西餐烹饪专业教材

西餐文化与礼仪（第二版）
彩色印刷
王芳 主编
页　数：132页
定　价：36.00元
ISBN：9787518443710

教学资源：

西餐烹调技术
双色印刷
李顺发 朱长征 主编
页　数：216页
定　价：37.00元
ISBN：9787518411900

西餐基础厨房
彩色印刷
王芳 主编
页　数：176页
定　价：42.00元
ISBN：9787518412808

教学资源：